樂齡好體質

強健體魄食療方

芳姐 著

作者簡介

芳姐於香港大學專業進修學院修畢「中醫全科文憑」及修讀中醫全科學士多個課程。自 1996 年起在各大報章及雜誌撰寫食療專欄，作品散見於新晚報、大公報、蘋果新聞網、加拿大明報周刊「樂在明廚」、及北美洲「品」美食時尚雜誌。

芳姐曾任「中華廚藝學院」健康美食班客座講師，現任僱員再培訓局中心、職訓局中心的陪月班導師，及「靚湯工房」榮譽食療顧問。

為推廣食療心得，芳姐自 2007 年開始在網上撰寫食療雜誌「芳姐保健湯餸」，深獲網民支持和愛戴。近年開始將其心得著作成書，著有《每天一杯養生茶》、《坐月天書》、《每天一杯養生茶 2》、《懷孕天書》、《100 保健湯水 · 茶飲》、《滋補甜品店》、《女性調補天書》、《强身 · 治病 孩子飲食全書》、《上班族每天養生法 ~ 飲出好體質》、《養護好體質 ~ 手術前後飲食自療》、《調理好體質 ~ 想要懷孕，就從吃對食物開始》。

序

香港人愈趨長壽，現時每五個香港人就有一位是六十五歲或以上的長者。隨着人們年紀越來越大，需要依賴醫療、福利和其他服務的機會亦相應提高，雖然現時醫學科技發達，老人殘疾者可能並不算太多，但活得越久健康越差是不爭的事實。有研究指，到 2046 年，香港已經徹底邁入老齡化社會，到時每三個人中就有一個 65 歲以上的老人，數字是頗驚人的！

老年體衰是人生必經的階段，隨着年齡不斷增長，中、老年人的臟腑功能開始減退，氣血津液亦有所不足，若年青時或壯年時期過度奔波勞碌，更可能遺留了一些病根，使衰退情況更為明顯。在這個迅速加劇的老齡化社會，如果想追求較為健康幸福的生活，活得有尊嚴，最好儘早作出準備，就從 30 歲以後就開始準備吧！例如保持適中的體重、注意飲食養生、遠離三高、加強體質鍛鍊、調整不良情緒等，都有助達到「健康樂齡」的目標。

擁有健康，才能展望未來，才能安渡晚年。儘管人老了體力已大不如前，但只要吃得下，睡得香，二便正常，健康應該差不到那裏去。作者本着實用的原則，設計了六十六款養生保健的食譜，有湯品、茶飲和家常小菜等，簡單易煮，美味可口，目的是希望讀者透過自然飲食調理，能及早預防都市病，改善不良體質，用合適自己的食療來舒緩身體發出的各種症狀，症狀改善了，身體自然更舒服、更健康。

目錄

預防三高

在日常生活中，不少中老年人由於味蕾感覺減弱，有可能因此吃得過鹹或過甜，同時亦會較喜歡吃動物內臟，如牛雜、豬雜、鵝肝等，因為這類食物口感豐富美味，其實偶爾吃一兩次是可以的，常吃便會增加高血脂、高膽固醇、腦血栓的發病率。因為動物內臟屬於高脂肪、高膽固醇食物，其膽固醇含量是瘦肉的 3~4 倍。一旦攝入過多，就會導致血膽固醇含量驟增，血液黏稠度升高，造成心腦血管供血不足。

有研究更指出，高達 9.5% 的心血管代謝死亡與鹽攝入過多相關。大家經常喜歡食用的加工肉製品都要經過鹽醃、風乾、發酵、煙燻等處理，以提升口感或延長保存時間，例如香腸、臘腸、火腿、煙肉、牛肉乾等，這類高鹽分的加工食物，對於中、老年的人群，定會增加患上冠心病及糖尿病風險。

甜點是大部分人士都喜愛的食物，尤其是女性，但糖分攝取多了，除了引起肥胖相關疾病外，還包括升高血脂、升高血糖、增加氧化應激及炎症水平等。這些問題，都會嚴重影響健康。

有理由相信，現在的高血壓、高血脂、糖尿病、心臟病等，大多數都是吃出來的！中老年人很難避免有三高，如果你繼續隨意地吃，可能就會成為三高症的其中一份子。現時坊間有人推崇黑木耳茶、桑葉茶等來消脂降壓，這些都是易煲易買的「懶人養生法」，因此本篇亦會介紹一些有助預防三高的簡易食譜，比如不用煲、不用睇火、糖分亦不高的蔬果汁，一沖即飲的茶包供參考。為了自身健康着想，要預防三高，就要從改善飲食方面開始。

鮑汁花菇燜海參

Braised sea cucumber with shiitake mushrooms in abalone sauce

材料（2~3 人量）
花菇仔 6 朵
青豆粒 1 湯匙
浸發海參 200 克
薑茸 1 茶匙
生粉水 1 湯匙

醃菇料
糖 1 茶匙
熟油 1 湯匙

調味料
鮑汁 2 湯匙
生抽 2 茶匙
米酒 1 湯匙

做法

1. 花菇浸軟，去蒂後用醃料醃 1 小時；青豆粒沖洗。
2. 浸發海參切塊，放入薑水中出水。
3. 燒熱少許油，爆香薑茸，加入花菇仔及海參炒香，灒酒加入其餘調味料及清水 1 碗，燜煮至汁濃稠，海參、花菇仔夠腍身，加入青豆，埋薄芡即可上碟。

食療功效

能補腎健脾、養血潤燥。

飲食宜忌

本品香滑可口。適合氣血兩虛、精神困倦、三高症及癌症患者。一般人群可食，但外感發熱及痛風患者不宜。

認識主料

海參

能補腎益精、養血潤燥、防癌、延緩衰老。海參中的膠原蛋白質等物質具有消除疲勞、美容及促成人體細胞再生和機體損傷修復的能力，並能調節血脂、血糖及抑制癌細胞等作用。

花菇

有清熱、潤腸、解毒、預防三高的功效。

洋葱炒甜彩椒

Assorted bell peppers with onion

食療功效

有暖胃袪風、消脂降壓的功效。

飲食宜忌

本品清香味美。適合心臟病、三高症、食慾欠佳、視力衰退、免疫力低下、容易傷風感冒人士。一般人群可食，但肺胃有熱、陰虛火旺者少食。

■ 預防三高 ■

材料（2~3 人量）

洋葱 1 個

紅色、黃色、綠色甜椒各半個

薑茸 1 茶匙

調味料

糖半茶匙

鹽 1/4 茶匙

素蠔油 2 茶匙

做法

1. 洋葱去衣，切塊；三色甜椒去籽，洗淨切塊。
2. 燒熱少許油，放入洋葱煎炒片刻，加入薑茸及三色甜椒，炒香後加入調味料及少許清水，炒大約 5 分鐘至汁乾即成。

認識主料

洋葱

能袪風發汗、解毒消腫、溶解血栓、預防三高。洋葱所含有的一些硫氨酸等化合物能溶解血栓、降低膽固醇、血脂、血糖。洋葱含硒量很多，有助抑制癌細胞分裂生長。食用洋葱時，口腔會有股難聞氣味，飲些鮮檸檬水或用檸檬汁漱口即可改善。

三色甜椒

能抗氧化，防心血管病。

合掌瓜雲耳炒雞柳

Stir-fried chicken tenderloin with chayote and cloud ear fungus

材料（2~3 人量）

合掌瓜 1 個
雲耳 5 克
雞柳 100 克
蒜頭 2 瓣
上湯 4 湯匙
生粉水 1 湯匙

醃料

鹽 1/4 茶匙
胡椒粉、米酒及生粉適量

調味料

蠔油 1 茶匙
糖半茶匙

做法

1. 合掌瓜去皮，去籽，切片；雲耳浸軟後去蒂；雞柳切片後用醃料醃半小時，蒜瓣切片。
2. 燒熱少許油，倒入雞柳炒至剛熟，盛起。
3. 鑊中加少許油，爆香蒜片，加入合掌瓜片及雲耳，放入調味及上湯，煮至合掌瓜軟身，雞柳回鑊兜炒，埋薄芡即可上碟。

食療功效

能舒肝理氣、補血活血。

飲食宜忌

本品鮮甜美味。適合消化不良、胸悶氣脹、肝胃氣痛及三高症人士。一般人群可食。

認識主料

合掌瓜

能舒肝理氣、和中止痛、化痰止咳、降血壓。它的蛋白質和鈣的含量是青瓜的 2~3 倍，維他命和礦物質含量也顯著高於其他瓜類，營養成分較全面，並且熱量很低。入饌作菜，可以揀瓜皮表面縱溝較淺及有光澤者為佳。

合掌瓜

雲耳

有益氣補肺、補血活血的功效。

雞柳

能增強體力、強壯身體。

鮮牛蒡冬菇燜栗子

Braised chestnuts with burdock and shiitake mushrooms

材料（2~3 人量）
鮮牛蒡 100 克
冬菇 3 朵
鮮栗子 250 克
甘筍絲 1 湯匙
薑茸 1 茶匙
生粉水 1 湯匙

調味料
糖半茶匙
鹽半茶匙
蠔油 2 茶匙

做法
1. 牛蒡去皮，洗淨後刨絲，浸入淡鹽水中。
2. 冬菇浸軟後去蒂，切絲；栗子放入開水中煮片刻，去衣，加水慢火煮 15 分鐘至夠腍。
3. 燒熱少許油，爆香薑茸，將瀝乾的牛蒡絲、冬菇絲及甘筍絲炒香，再加入煮熟的栗子，加調味及少許清水，煮片刻，埋薄芡即可上碟。

食療功效

能健胃補虛、預防三高。

飲食宜忌

本品清香味美。適合食慾不振、病後體虛、三高症及中風人士。一般人群可食，但消化不良者不宜多食栗子。

認識主料

牛蒡

能清熱解毒、祛風濕、宣肺氣；並有防治中風，尤善清上、中二焦及頭面部的熱毒；牛蒡以幼身味香濃者為佳品。

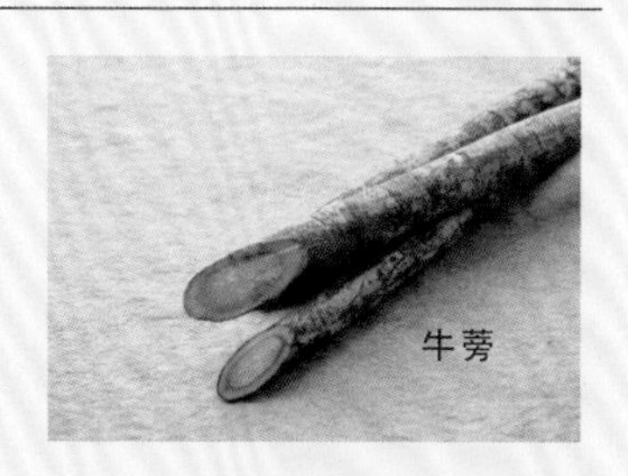
牛蒡

冬菇

能清熱、潤腸、解毒、預防三高。

栗子

有養胃健脾、補腎壯腰、活血消腫的功效。

蘆筍蘿蔔雞胸肉湯

Chicken breast soup with asparaguses and white radish

材料（2 人量）

蘆筍 100 克
白蘿蔔 1 條
雞胸肉 2 塊
薑 2 片
海鹽 1/4 茶匙

做法

1. 蘆筍洗淨，切段；白蘿蔔去皮，切塊；雞胸肉洗淨，切片。
2. 全部材料用 6 碗水煮半小時成 3 碗，調味即可連湯料同食。

食療功效

有清熱生津、利尿降壓的功效。

飲食宜忌

本品清甜味美。適合三高症，以及肺胃有熱引致口滾鼻熱、胃口呆滯、胸膈不舒人士。一般人群可服，痛風患者不宜吃蘆筍。

認識主料

蘆筍

有健胃消食、利水消腫、防癌的功效。它的嫩莖含有豐富的蛋白質、維他命和礦物質元素等，營養物質多集中在頂部鱗芽部位，而且蘆筍不是越粗壯越好，只要夠新鮮，中條型的療效更佳。

淮杞粟米鬚豬橫脷湯

Pork pancreas soup with Huai Shan and corn silks

材料（2 人量）

淮山 30 克
杞子 5 克
鮮粟米鬚 50 克
豬橫脷 1 條
海鹽 1/4 茶匙

醃料

生抽 2 茶匙
胡椒粉、米酒少許

做法

1. 淮山、杞子浸洗；鮮粟米鬚沖洗淨；切去豬橫脷肥膏，切塊後用醃料略醃。
2. 淮山、杞子、鮮粟米鬚用 6 碗水煮 1 小時，加入豬橫脷，滾 15 分鐘，調味即成。飲湯吃湯料。

食療功效

能健脾和胃、降低血糖。

飲食宜忌

本品鮮甜美味。適合糖尿病、疲倦氣弱、口渴多飲、排尿不暢及水腫人士。一般人群可服。

認識主料

豬橫脷

是豬的胰臟，有清熱利濕功效。如將豬橫脷太早放進湯煲煮，湯會混濁變灰黑色，宜後下；豬橫脷煮至剛熟食用，美味又滋補。

粟米鬚

有利尿、降血糖、降血壓的功效。

番茄豆腐丸子湯

Tofu dace ball soup with tomato

材料（2~3 人量）

番茄 2 個

硬豆腐 1 磚

鯪魚滑 30 克

葱花 1 湯匙

雞蛋 1 個

芫茜碎 1 棵

薑絲 1 茶匙

海鹽 1/4 茶匙

豆腐丸子調味料

鹽 1 茶匙

蠔油 1 茶匙

胡椒粉適量

生粉 1 湯匙

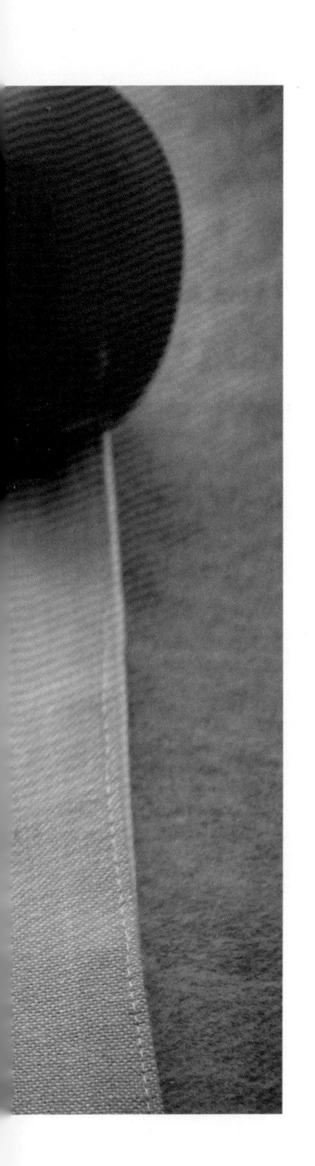

做法

1. 番茄洗淨，切塊。硬豆腐用開水浸片刻，瀝乾，壓成泥，加入鯪魚滑、蛋、葱花及調味料，搓成丸子。
2. 爆香薑絲，炒香番茄後加水 3 碗煮至大滾，改用小火，加入丸子煮 5 分鐘，加鹽調味及灑入芫茜碎即成。

食療功效

能預防三高、消除疲勞。

飲食宜忌

本品美味可口。適合肥胖、三高症、骨質疏鬆、食慾減弱、前列腺炎人士；但脾胃虛寒、胃炎患者不宜。

認識主料

番茄

有止渴生津、降低血壓、降低膽固醇、健胃消食的功效。熟透的紅番茄中維他命 A 是青番茄的 3~4 倍，而煮熟了的番茄能釋出茄紅素，有助降低男性患前列腺癌、女性患子宮頸癌，以及胃癌的風險。

豆腐

能寬中益氣、調節腸胃。

鯪魚肉

能益氣血、強筋骨、活血行氣。

竹笙響螺燉竹絲雞

Black silky chicken soup with bamboo fungus and dried conch

材料（2 人量）

竹笙 6 條
急凍鮮響螺頭 3 個
竹絲雞半隻
生薑 3 片
紅棗 4 粒
海鹽 1/4 茶匙

做法

1. 竹笙用淡鹽水浸洗乾淨，剪去頭尾；鮮響螺頭洗淨後出水；竹絲雞劏洗淨，出水；紅棗去核。
2. 全部材料放燉盅內，注入3碗熱開水，隔水燉3小時，調味即成。

食療功效

有補氣養陰、滋補強身的功效。

飲食宜忌

本品鮮甜美味。適合肥胖、身體虛弱、熬夜少眠、皮膚粗糙、肺燥咳嗽的人士。一般人群可服，但外感發熱者不宜。

認識主料

竹笙

能滋補強身、潤肺止咳；並可保護肝臟、減少腹壁脂肪的積存，有俗稱「刮油」的作用，從而起到降血壓、降血脂和減肥等功效。

Automne

荷葉決明菊花茶

Chrysanthemum tea with lotus leaf and Shi Jue Ming

材料（2 人量）

荷葉茶 3 克
炒香決明子 5 克，
菊花 5 克

做法

1. 荷葉茶、炒決明子、菊花入茶包袋中。
2. 將茶包袋放入壺內，先用開水沖洗一遍，再注入開水，焗 7 分鐘左右即可供飲。

食療功效

有清肝明目、消脂降壓的功效。

飲食宜忌

本品清香。適合高血脂、高血壓呈現肝陽上亢、頭暈目眩、目赤腫痛、肥胖、腸燥便秘人士。一般人群可服，但孕婦及脾胃虛寒者慎服。

認識主料

荷葉茶

是鮮荷葉經剪碎烘香而成，有解暑清熱、升發清陽、降血壓的功效。

決明子

能清肝明目、潤腸通便、降血壓。

菊花

能疏散風熱、明目、清熱解毒、降血壓。

小貼士：此茶是減肥良藥，降血壓作用穩定及安全，對 I、II 期高血壓者，服用二週多能顯效。

桑椹山楂茶

Mulberry haw tea

材料（2 人量）

黑桑椹 50 克

山楂 20 克

蜂蜜適量

做法

1. 黑桑椹、山楂放入茶包袋中。
2. 將茶包放入壺內，先用開水沖洗一遍，再注入開水，焗 10 分鐘，調入蜂蜜即可供服。

食療功效

有補肝益腎、預防三高的功效。

飲食宜忌

本品甘香微酸。適合高血壓、高膽固醇、高血壓、心血管病，以及肝腎不足致頭髮早白人士。一般人群可服，但孕婦不宜。

認識主料

黑桑椹

有滋腎補肝、明目安神、養血袪風的功效；對眼睛疲勞、頭髮早白、失眠耳鳴及神經衰弱者甚有裨益，其顏色越紫黑越成熟，食療功效亦越高。

山楂

能活血化瘀、開胃消滯，並有助預防三高。

紅棗黑木耳露

Wood ear fungus sweet soup with red dates

材料（2 人量）

紅棗 6 粒
白背黑木耳 20 克
生薑 10 克
紅糖適量

做法

1. 紅棗洗淨，去核切片；白背黑木耳用清水浸 1 小時，去蒂，切塊；生薑切絲。
2. 將全部材料加 1 碗水同放入攪拌機內，打碎。
3. 將攪好的木耳紅棗蓉倒出，放入煲內，加 2 碗水，邊煮邊攪拌，慢火煮約 10 分鐘，加入紅糖煮溶即可供食。

食療功效

有活血補血、養顏排毒、消脂降壓的功效。

飲食宜忌

本品香滑美味，不寒不燥。適合高血脂、高血壓、高膽固醇、面色蒼白、面頰長斑及便秘人士。手術前後及婦女來經期間不宜服。

認識主料

黑木耳

有涼血止血、活血補血、降血脂、降血壓的功效。它有「血液清道夫」之稱，以白背黑木耳功效較佳，因含有豐富的膠質，可以吸附腸道中的雜質，能夠起到排毒養顏的作用。其所含維他命 K，能夠減少血栓生成，有助於血液循環的暢通，及預防心腦血管疾病。但由於黑木耳含有高量的腺嘌呤核甙可抑制血小板聚集，故任何手術前後都盡量少食。

紅棗

能補氣健脾、保護肝臟。

紅菜頭芹菜葉汁

Beetroot and Chinese celery juice

■ 預防三高 ■

材料（2 人量）

紅菜頭 1 個
芹菜葉 5 克
涼開水 1 杯

做法

1. 紅菜頭洗淨後去皮，切成小塊；芹菜葉用涼開水浸洗淨。
2. 將全部材料放入攪拌器內，加入 1 杯涼開水，打成蓉即可供飲。

食療功效

有排毒養顏、防癌降壓的功效。

飲食宜忌

本品清甜可口。適合肥胖、貧血、三高症、高膽固醇、肝炎、習慣性便秘及癌症人士。一般人群可服，但血壓低者不宜。

認識主料

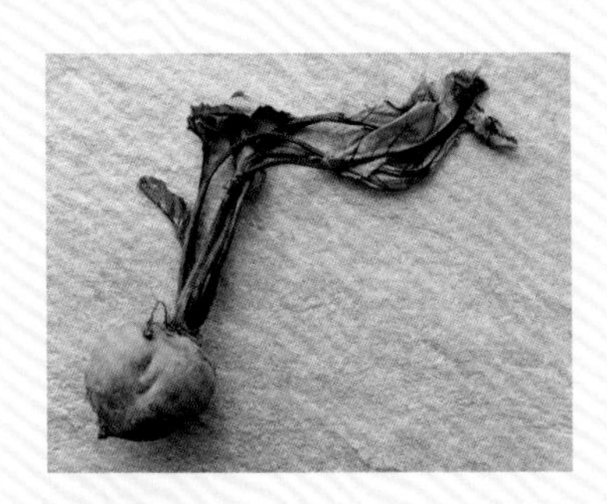

紅菜頭

有補血養顏、降壓、防癌的功效。

芹菜葉

有平肝降壓、祛風利濕、除煩消腫的功效；微有苦味，但其營養及療效較枝梗更佳。任何鮮榨蔬果汁最好即榨即飲，以增强療效。

苦瓜青蘋果汁

Green apple juice with bitter melon

材料（2 人量）

苦瓜 1 條
青蘋果 2 個
涼開水 1 杯

做法

1. 苦瓜、青蘋果用淡鹽水浸洗以去除農藥，洗擦沖水後切塊，去核。
2. 將苦瓜、青蘋果放入攪拌機內，加入涼開水，打成蓉即可供飲。

食療功效

有瘦身排毒、預防三高、健體防癌的功效。

飲食宜忌

本品微酸苦帶甘。適合胃腸機能差、肥胖、三高症、脂肪肝、膽結石、睡眠不足引致的口乾、眼乾及便秘人士。一般人群可服，脾胃虛寒者不宜。

認識主料

苦瓜

能解渴、解毒、清涼、祛火、降壓；含有清脂素，有助減肥，也含有胰島素成分可治療糖尿病。宜挑選瓜身粗壯結實的，瓜表面的突點越細粒，瓜味越甘苦。

杜仲葉茶

Du Zhong Ye tea

材料（1 人量）

杜仲葉 5 克

做法

杜仲葉放入壺內，用開水沖洗一遍，再注入開水，焗 5 分鐘可飲。可沖泡至淡。

食療功效

有補益肝腎、強壯筋骨、降脂降壓的功效。

飲食宜忌

本品清香。適合高血壓、高血脂、高膽固醇、動脈硬化、腎虛腰酸、筋骨無力、胎動不安等人士。但口渴、口苦、小便黃等熱性症狀及糖尿病者忌服。

認識主料

杜仲葉

以曬乾的嫩葉芽泡茶最佳。其所含的化學成分和杜仲皮基本一致，所以和杜仲皮具同等療效。所含多醣類物質有降血壓、降血脂作用，但對體內的糖代謝具有一定升高作用，故糖尿病者少服。

調理二便

大小便的正常與否直接影響消化系統的健康，大小二便通暢才能保證我們身體毒素能夠及時排除。過多肥甘厚味食物，容易產生大量代謝產物及糞便，這些廢物產生的濁氣、毒素，會損害人體臟腑、經絡、氣血，加速人體臟器的衰老。很多便秘的人不僅容易發生咽痛、口臭、頭痛等病症，而且還會出現面部痤瘡、皺紋增加、腹脹、食慾下降等現象，長期如此，會導致排便肛裂和痔瘡等問題，還會誘發腸癌、腦中風等疾病。

相比於大便的通暢與否，小便的通暢往往容易被人忽略，其實養生也要注意小便的排泄，要保持小便的通利。有些人由於工作關係常常憋尿，長期憋尿對身體危害很大，憋尿時逼使尿肌和括約肌處於緊張狀態，長期如此的話會使膀胱頸受阻，導致排尿不暢、尿失禁、尿滲等問題，還會引發急性膀胱炎。女性尿滲問題一般較男性為高，可能由分娩、子宮切除手術和更年期所誘發；男士除了會因前列腺問題而失禁，還要留意膀胱、尿道管、腎臟問題而發病。因此，小便問題絕對不容忽視！

想要二便通利，就要多喝水，每天最少 8 杯水，可以幫助我們稀釋尿液，這樣尿液中的有毒物質就會變少，對膀胱的刺激會變小，對膀胱和腎臟都有好處。多喝水亦有助排便暢順，每天無論多忙，都要飲足夠的水，減少大便乾結問題。還要養成一個定時排清二便的好習慣，例如早上起來，先飲一大杯暖水，不管有沒有便意都要去廁所，每天定時如廁，就可養成定時排便的好習慣。

　　飲食調理對二便暢順與否有很大關係，日常飲食要均衡，葷素搭配要適當，這樣不僅能保證身體營養攝入，還有益於二便排放。番薯葉、霸王花、莙薘菜、秋葵、番薯、木瓜這類瓜果蔬菜，以及大蕉、火龍果、麒麟果、西梅、芝麻、松子仁、核桃肉等生果及果仁，都是通便的好食材，便秘患者日常可適量食用。本篇介紹的食譜，會用上各種新鮮蔬菜、瓜果，以及潤腸、利尿食物，並製作少油膩美味、清新可口的湯羹等，幫助通暢二便。

麻醬拌秋葵

Okras dressed in sesame sauce

材料（2 人量）

秋葵 10~12 條

芝麻沙律醬 2~3 湯匙

做法

1. 秋葵切去頭部，洗淨剖開對半。
2. 燒熱水，放入秋葵，大火� 3 分鐘，撈出排放碟中，淋上芝麻沙律醬即可供食。

食療功效

有消脂降糖、潤腸通便的功效。

飲食宜忌

本品香滑爽脆。適合肥胖、三高症、貧血、消化不良、胃炎胃潰瘍、大便秘結人士。脾胃虛寒及泄瀉者忌食。

認識主料

秋葵

可保護胃壁、助消化、防大腸癌、預防三高；秋葵的黏性物質中含有 50% 纖維素，有利通便、排毒、防癌。作為涼拌菜，宜先放入開水中燙 3~5 分鐘以去澀味。

京葱燒海參

Braised sea cucumber with Peking scallion

■ 調理二便 ■

材料（2~3 人量）

浸發海參 200 克
京葱 100 克
薑 3 片
上湯 200 毫升

調味料

生抽半湯匙
蠔油半湯匙
紹酒 1 湯匙
麻油 2 茶匙
鹽 1/4 茶匙
糖 1 茶匙

芡汁

生粉 2 茶匙
清水 1 湯匙

做法

1. 海參切塊後出水；京葱洗淨，切片。
2. 燒熱少許油，爆香薑片，放入海參炒香，加入調味及上湯，煮 20 分鐘左右，加入京葱兜炒，最後埋薄芡，待汁濃稠即可上碟。

食療功效

能養血潤燥、潤腸通便。

飲食宜忌

本品香滑可口，老少可食。適合氣血虧虛、腎陽不足及腸燥便秘者。一般人群可食。患有狐臭、胃潰瘍、慢性濕疹者少食京葱。

認識主料

海參

能補腎益精、養血潤腸。它不含膽固醇，脂肪含量相對少，是典型的高蛋白、低脂肪、低膽固醇食物，對高血壓、冠心病、肝炎等病人及老年人腸燥便秘很有益處。

京葱

即大葱，青色部分含有蒜素，有助維他命 B_1 的吸收。

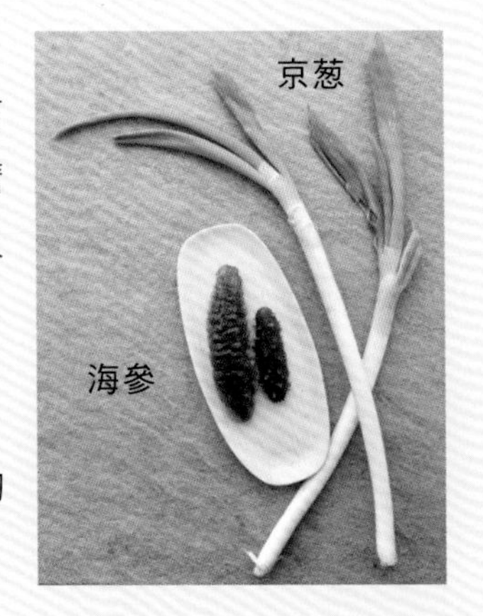

白果益智仁豬小肚湯

Pork bladder soup with gingkoes and Yi Zhi Ren

材料（2~3 人量）

白果 10 粒
益智仁 10 克
覆盆子 10 克
生薑 2 片
豬小肚 2 個
海鹽 1/4 茶匙

做法

1. 豬小肚反覆用鹽搓洗淨，出水；白果去殼去芯；益智仁、覆盆子洗淨。
2. 全部材料用 6 碗水煮 1 小時成 3 碗，調味即可供服，飲湯吃白果、豬小肚。

食療功效

能溫腎助陽、固精縮尿。

飲食宜忌

本品清香。適合腎陽虛衰、尿頻、夜尿多、陽萎、遺精及帶下者。一般人群可服。

小貼士：尿頻的原因很多，最常見的為尿道感染，男性中、老年人尿頻的主要原因是前列腺肥大；尿頻亦是更年期婦女的常見症狀，有時候是精神與心理所引起。因此一旦出現尿頻，最好先看醫生作檢查，找出原因去治理，食療可收輔助治療之效。

認識主料

白果

能斂肺定喘、收澀止帶。

益智仁

有溫脾、暖胃、固氣、澀精的功效。

覆盆子

即曬乾的野莓，能補肝腎、縮小便、助陽固精。

豬小肚

即豬的膀胱，有清熱利濕、利小便、益脾補腎等功效。

南瓜番薯松子仁濃湯

Cream of pumpkin soup with sweet potato and pine nuts

食療功效

有補中益氣、潤腸通便的功效。

飲食宜忌

本品香滑美味。適合肥胖、氣血不足、心血管病、視力減弱、退化性關節炎、腸燥便秘人士。一般人群可服。

材料（2-3 人量）

南瓜 100 克
黃肉番薯 100 克
松子仁 30 克
鹽 1/4 茶匙
生粉水 2 湯匙
原味豆漿 250 毫升

做法

1. 南瓜、番薯去皮，南瓜去核，洗淨，切片。
2. 燒熱少許油，炒香南瓜、番薯片，倒入攪拌器中，加入豆漿攪成蓉。
3. 將南瓜番薯蓉倒入煲中，加調味煮成南瓜濃湯，埋芡後灑入松子仁即可供食。

認識主料

南瓜

有補中益氣、潤肺軟便的功效。它含豐富的果膠，可以清除體內重金屬和部分農藥；所含的甘露醇，有通便功效，可減少糞便中毒素對人體的危害，並防止結腸癌。

田貫草瘦肉湯

Lean pork soup with Che Qian Cao

材料（2~3 人量）

田貫草 300 克
蜜棗 2 粒
陳皮 1 塊
瘦肉半斤
海鹽 1/4 茶匙

做法

1. 田貫草去根洗淨，切段；蜜棗洗淨去核；陳皮洗淨刮去瓤；瘦肉切片，出水。
2. 瘦肉，蜜棗、陳皮放入煲內，注入 7 碗水，大滾後加入田貫草，煮 1 小時，調味即成。

食療功效

有清熱降火、利尿、解毒的功效。

飲食宜忌

本品清香可口。適合過量進食辛辣煎炸、熱氣、口舌生瘡、腎炎水腫、膀胱炎、早期泌尿系結石、小便澀痛人士。一般人群可服，尿頻、夜尿多者不宜。

認識主料

田貫草

有清熱利尿、祛痰、涼血、解毒等功效。它又名車前草，其利尿功效甚强，能增加尿素尿酸的排泄，對水腫尿少，熱淋澀痛者有良效，鮮品療效較乾品好；但腎虛寒、夜尿多者忌服。

番茄芹菜小米飯

Millet rice with tomato and Chinese celery

材料（2~3 人量）

番茄 2 個
西芹梗 1 條
小米 30 克
白米 100 克
葡萄乾 1 湯匙
上湯 1 碗

醃米料

海鹽 1/4 茶匙
熟油 1 湯匙

做法

1. 番茄去皮洗淨，切粗粒；西芹洗淨，切粗粒；小米、白米洗淨，用鹽、油略醃。
2. 先將小米、白米放入電飯煲內，加入上湯及適量水，煮至飯八成熟，加入番茄及芹菜粒，煮至飯熟，最後灑入葡萄乾即可供食。

食療功效

有清熱生津、通利二便的功效。

飲食宜忌

本品清香美味。適合肥胖、高血壓、食慾不佳、口乾煩渴及大便秘結人士，並可預防前列腺炎，改善小便不暢。一般人群可食。

認識主料

番茄

有清熱止渴、養陰涼血、降脂降壓的功效。

芹菜

能平肝清熱、祛風除濕、降壓。

小米

有清熱解渴、健胃除濕、和胃安眠的功效。

葡萄乾

能補血健脾、利筋骨、消除疲勞。

小貼士：維他命 A、D、E、K 屬脂溶性物質，想全面吸收飯料中的多種維他命、茄紅素等，最好加少許油同煮。

冬瓜海帶薏米水

Job's tears tea with winter melon and kelp

材料（2 人量）

冬瓜 300 克
海帶 6 克
薏米 30 克

做法

1. 冬瓜連皮洗淨，切塊；海帶沖洗切粗絲；薏米浸洗。
2. 將全部材料用 7 碗水煮 1 小時即成。

食療功效

有清熱散結、通利二便的功效。

飲食宜忌

本品甘淡順喉。適合肥胖、水腫、小便不利，以及能預防膀胱炎、前列腺發炎。一般人群可服，尿頻、夜尿多者及孕婦不宜。

認識主料

冬瓜

能利水消痰、清熱解毒。

海帶

有利尿消腫、除熱散結、降壓降脂等作用。

薏米

有利水滲濕、健脾補肺、養顏護膚、輕身益氣的功效。

小貼士：前列腺肥大或發炎，以及膀胱炎患者，除了需要注意飲食方面，食療也是一種輔助的處理手法。此湯對膀胱有熱，前列腺肥大，排尿澀痛者尤為適用，可常服。

清腸不老粥

Gut-cleansing congee

■ 調理二便 ■

材料（2 人量）

紙盒包裝蘆薈粒 20 克
杏仁 10 克
松子仁 10 克
薏米 30 克
糙米 20 克
麥米 20 克

做法

1. 杏仁、松子仁沖洗；薏米、糙米、麥米浸泡 2 小時。
2. 杏仁、薏米、糙米、麥米放入電飯煲內，加水煮成濃稠適度之粥，最後加入蘆薈粒及松子仁，焗 10 分鐘即可供食。

食療功效

清理腸道、通利小便。

飲食宜忌

本品香糯美味。適合肥胖、高血脂、高血壓、腸燥便秘、小便不利人士。一般人群可食，大便溏薄者及孕婦不宜食。

認識主料

蘆薈

能抗炎殺菌、瀉火、改善口臭、促進消化、清理腸道。蘆薈粒在超市有售，新鮮的食用蘆薈和仙人掌屬近親，在山草藥檔有售，但其綠色表皮有帶毒的大黃素，有強烈瀉下作用，必須去皮及清洗乾淨才使用。孕婦忌食。

Automne

改善痛症

人的一生與「疼痛」脫離不了關係，疼痛是非常折磨人的，對身體而言，疼痛是一個警號，是提醒你身體的某個部位可能出現一些問題或病變，短暫的疼痛，可能吃些止痛藥或休息幾天就會復原；而長期的疼痛，例如癌症、帶狀皰疹、肌肉流失等所帶來的疼痛，若未積極正確地治療，它可能就會跟着你一輩子！

不論是何種部位的疼痛，都要想辦法去解決或求醫治理，比如經常腰痠背痛，可能是骨質疏鬆的徵兆，如果置之不理，恐增加骨折風險，甚至可能致死；頭皮肌肉收縮，導致出現悶痛或刺痛感，可能是腦出血、腦梗塞、腦炎等的警訊；短暫性的胸痛，及疼痛反射到後背，可能是心絞痛或心肌梗塞的警號，必須馬上找醫生治理，否則可能會有生命危險。

有些人經常會覺得這裏痛、那裏痛，但看醫生卻檢查不出問題，或許要從情緒上着手。因為「心因性疼痛」多數來自負面情緒，如悲傷、憤怒、焦慮、罪惡感等，患者會真實感受到疼痛，但那卻不是軀體上的疾病和問題，而是來自患者的心裏。因此，要改善痛症，要從生理、心理兩方面一併研究清楚才能有效治好。

我們的肌肉組織會隨着年齡的增長而變化，30 歲至 70 歲間，肌肉質量平均每十年下降 6% 至 8%，歲數越高速度越快。若肌肉無力，骨骼、關節承受的壓力相對增加，因此而易出現疼痛。隨着人口老化，加上工作忙碌，工時過長，越來越多人出現各類型痛症，比如常見的頭痛、頸椎病、肩周炎、網球肘、腰肌勞損、膝痛、足跟痛、足底筋膜炎疼痛等，這些痛症雖然不會有危及生命的影響，但會令人身心困擾，嚴重甚至引起肢體活動障礙，影響日常生活社交。本篇利用飲食作調理，為加強療效，會配合一些舒筋活絡、活血止痛的中藥材同用，以紓緩痛楚，改善活動能力。

此外，中醫認為腳是人的精氣之根、筋脈之根，只要把腳部的筋揉軟，便可令身體強壯、減少疼痛發生。方法之一，是用「不求人」或「叩診器」輕捶腳底，讓腳底有發熱的感覺，經絡就能舒暢；方法二，是每晚雙腳做互拍運動 5 分鐘。這種「拍腳運動」，可令膝關節更為強勁。

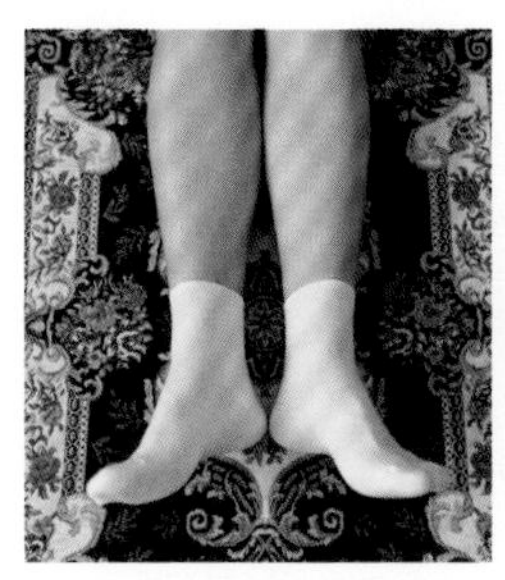

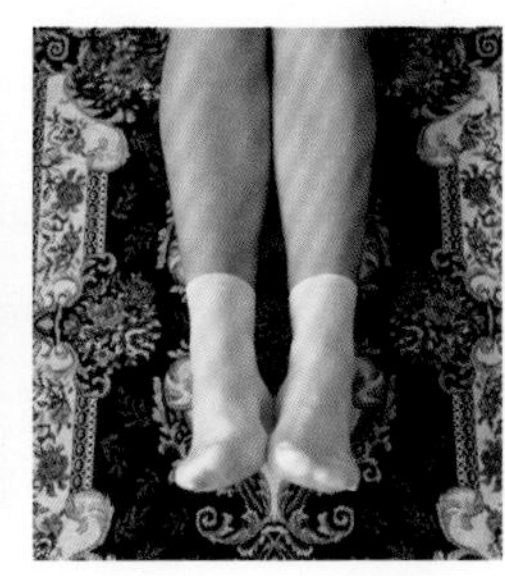

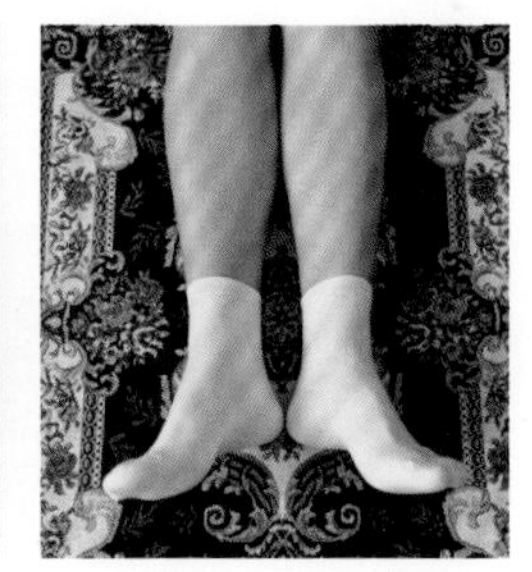

做法簡單：只要坐在床上，或軟墊上，雙腳的腳跟併攏，然後用雙腳的大拇趾互相碰撞，碰撞的角度越大，速度越快，效果越好。從最初的 100 下，不斷增加數量至 500 下最為合適，最好早、晚各做 5 分鐘。

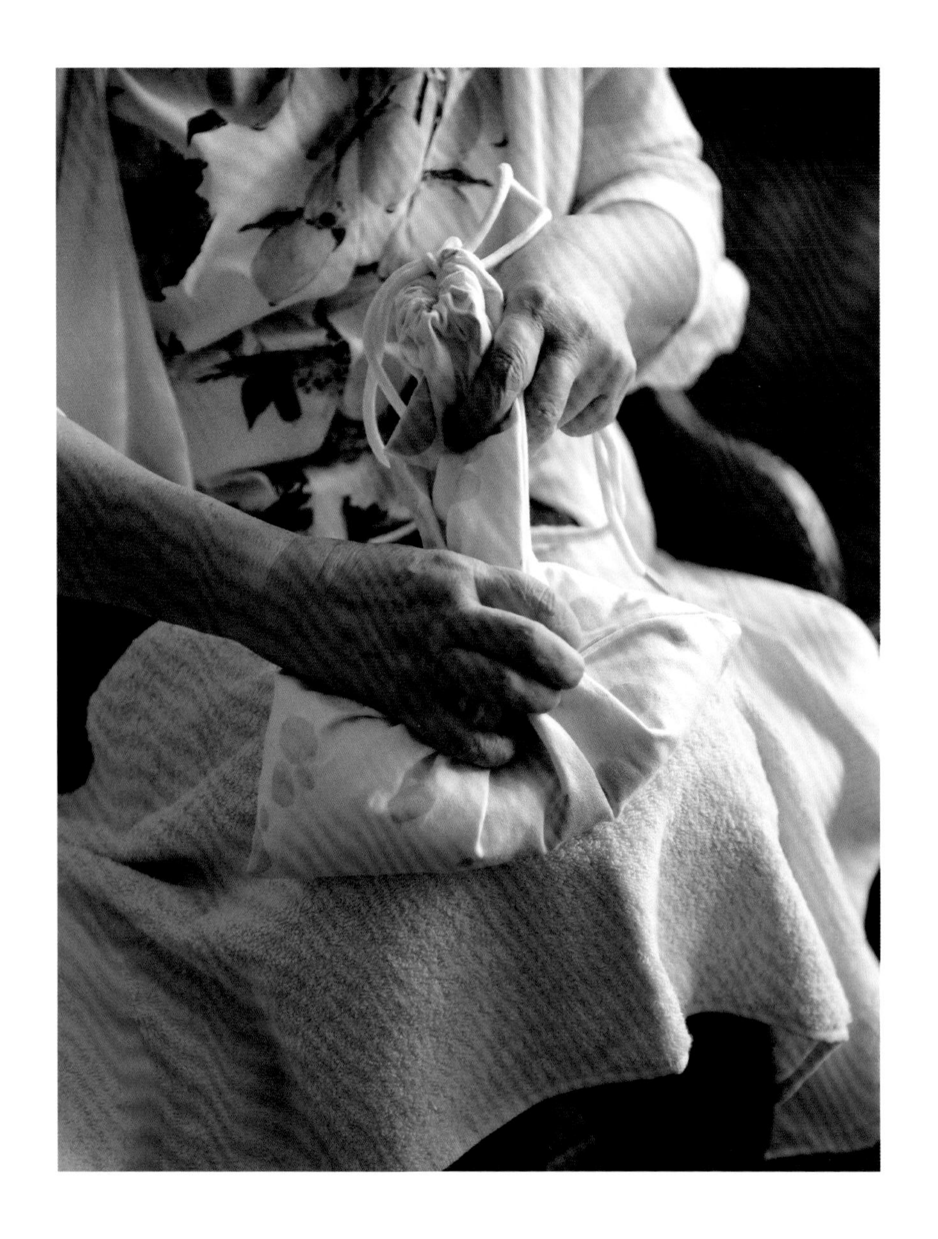

對一些因受寒引起的筋絡硬直性拘急疼痛，如肩關節凝痛、膝關節凝痛、腰痛、女性痛經等，用「鹽敷法」頗為見效。

做法簡單：粗鹽 1 斤，用白鑊炒 7 分鐘，入純棉布袋內（小童枕袋最佳），紮緊後在患處先鋪一厚毛巾，（以防溫度過高燙傷皮膚），然後用鹽袋在患處滾動，待鹽袋溫度稍降，將毛巾拿走再敷，疼痛很快消失。（鹽袋可循環再用 2 個多月，置陰涼處存放就成。）

粉葛瓜絡桑寄生豬腰湯

Pork shin soup with kudzu, luffa sponge and Sang Ji Sheng

材料（2~3 人量）

粉葛 250 克
絲瓜絡 20 克
桑寄生 30 克
豬腲 250 克
海鹽 1/4 茶匙

做法

1. 粉葛去皮，切塊；絲瓜絡、桑寄生浸洗；豬腲切塊後出水。
2. 全部材料放入煲內，用 8 碗水煮 2 小時成 3~4 碗，調味即成。飲湯吃些粉葛。

食療功效

能活血通絡、舒肌止痛。

飲食宜忌

本品清香，適合全身肌肉痠痛，尤以背胛為甚，四肢痿痹無力，長期在冷氣間寒鬱肌肉者。一般人群皆可服。

認識主料

粉葛

能升陽舒肌，鬆弛肌肉緊張。

桑寄生

有補肝腎、強筋骨、祛風濕、養顏、安胎的功效。

絲瓜絡

能祛風通絡、祛濕散熱。

小貼士：肌肉疼痛一般是因為長時間重複同一動作或姿勢不良，令痛症持續未能斷尾，形成慢性肌肉疼痛。粉葛所含大豆甙元具有抗乙醯膽鹼作用，能夠明顯鬆弛肌肉緊張。

疼痛處理方式：熱敷或冷敷（或兩者兼用）。熱敷可以緩解肌肉痙攣和疼痛。冷敷可以減輕腫脹和疼痛。熱敷的溫度約為攝氏 40 度左右，溫度不能太高，避免燙傷；冷敷溫度約為攝氏 10~16 度，尤其適合急性疼痛時使用。

雙仁水鴨湯

Teal soup with peach kernels and walnuts

材料（2~3 人量）

桃仁 10 克
核桃仁 20 克
馬蹄 6 粒
水鴨 1 隻
生薑 2 片
海鹽 1/4 茶匙

做法

1. 桃仁、核桃仁洗淨；馬蹄去皮洗淨；水鴨劏洗淨，出水。
2. 全部材料用 7 碗水煮個半小時成 3 碗，調味即可供服。

食療功效

有活血祛瘀、疏通經脈的功效。

飲食宜忌

本品清香可口。適合骨折、脱臼、軟組織受傷疼痛及腸燥便秘者。一般人群可服，孕婦忌服。

認識主料

桃仁

能活血祛瘀、潤腸通便、止咳平喘。

核桃仁

有補腎固精、温肺定喘、通經脈、潤血脈等功效。

水鴨

能温中益氣、滋陰補虛。

小貼士：任何部位脱臼一定要找專業醫生治理，就算牙骹鬆脱，亦最好找中醫師用針灸、按摩等手法治療，否則只要大笑或打個「呵欠」，張口太大，都會再一次令牙骹鬆脱。任何部位脱臼都會令活動受阻，或伴隨無力、刺痛、麻木、軟組織受損、肌肉萎縮等，很多動作都無法做到。所以除了多休息，必須由專業醫生進行復位，避免症狀惡化。

疼痛處理方式：急性疼痛或劇痛，先冰敷（冷敷）；慢性疼痛或僵硬，可以熱敷（泡熱水或用鹽敷法）。

杜仲淮山
黑豆豬腰湯

Pork kidney soup with Du Zhong, Huai Shan and black beans

材料（2~3 人量）

杜仲 25 克
淮山 30 克
青仁黑豆 30 克
南棗 6 粒
豬腰 1 隻
海鹽 1/4 茶匙

做法

1. 豬腰去筋膜，切花，用清水漂洗多次去異味；黑豆、杜仲、淮山浸洗。
2. 全部材料放入煲內，用 7 碗水煮個半小時成 3 碗，調味即成。

食療功效

能補腎壯骨、強腰止痛。

飲食宜忌

本品微有藥香。適合骨質疏鬆、腎虛腰痛、筋骨無力人士。一般人群可服。痛風患者不宜。

認識主料

杜仲

能補肝腎、強筋骨、安胎、降壓、降膽固醇。

青仁黑豆

有潤肺養顏、補血安神、明目、解毒的功效。

小貼士：除了年紀大、腎虛筋骨失養引致腰痛外，腰椎間盤脫出亦會引起腰痛，故一旦出現腰痛最好先看醫生檢查及治療，以免延誤病情。多用補肝益腎、強筋健骨的食療可改善症狀。

腰痛處理方式：平躺在軟墊上，用毛巾穿在腳弓位置，膝蓋微曲，用力拉實毛巾向胸口方向，維持 15~20 秒，重複 2~3 次。每日堅持鍛煉腰背肌肉，有助紓緩疼痛。

人參田七
雞胸肉湯

Chicken breast soup with ginseng and Tian Qi

材料（1~2 人量）

吉林紅參片 10 克
田七片 6 克
雞胸肉 1 塊
紅棗 4 粒

做法

1. 雞胸肉切厚片出水；紅棗去核。
2. 將全部材料放入燉盅內，注入 2 碗熱開水，隔水燉 2 小時可服。

食療功效

有補益心氣、祛瘀止痛的功效。

飲食宜忌

本品參味香濃。適合心氣不足、胸悶氣短、體倦乏力、面色蒼白、心胸疼痛者。服薄血丸者慎用，外感未清及孕婦忌服。

認識主料

吉林紅參片
能大補元氣、養陰生津。

田七片
有祛瘀止血、消腫止痛的功效。

小貼士：心絞痛，疼痛時胸口有壓痛或有被壓迫的感覺，痛楚伸展至頸、手臂、後背，並可能伴有出汗、暈眩、作嘔、氣促等現象；注意胃食道反流也會引致胸口痛，與心臟病、胸骨毛病無關。

疼痛處理方式：若是發覺吃了某類食物如肥膩、辛辣、煎炸食物、濃茶、咖啡等而引發症狀，多屬胃酸倒流引起，只要在睡前 2~3 小時停止進食，症狀應可紓緩。心絞痛患者疼痛多數只持續數分鐘，即時躺下休息，痛楚很快消失。但最好儘快找醫生治理。食療只能起輔助治療及止痛之效。

■ 改善痛症 ■

玉竹桑椹薏米白鴿湯

Pigeon soup with Yu Zhu, mulberries and Job's tears

材料 （2~3 人量）

玉竹 30 克
桑椹子 20 克
生薏米 30 克
生薑 3 片
白鴿 1 隻
海鹽 1/4 茶匙

做法

1. 白鴿劏洗淨，斬件後出水；玉竹、桑椹子、薏米分別浸洗。
2. 全部材料用 8 碗水煮個半小時成 3~4 碗，調味即可供服。

食療功效

能養血舒筋、祛風止痛。

飲食宜忌

本品清甜美味。適合肩關節凝痛、上肢痹痛不能高舉、頭昏、耳鳴、消渴多飲人士。一般人群可服，外感未清者不宜，孕婦不宜用薏米。

認識主料

玉竹

能養陰潤燥、生津止渴、柔養筋脈肌肉。

桑椹子

有補肝益腎、滋液養血的功效。

薏米

可利水滲濕、健脾補肺、防筋脈拘攣、屈伸不利。

鴿肉

可補肝腎、益氣血、祛風解熱。

小貼士：「冷凝肩」影響肩關節的活動，有些患者連梳頭、穿衣、洗臉都有困難，生活無法自理。本病大多發生在 40 歲以上中老年人，軟組織退行病變，對各種外力的承受能力減弱是基本因素。肩周炎中醫治療效果頗顯，食療亦能起到輔助治療之效。

疼痛處理方式：鹽敷法、浸熱水浴等可加速血液循環，放鬆肌肉，紓緩疼痛。

桑寄生牛大力
黑豆豬骨湯

Pork bone soup with Sang Ji Sheng, Niu Da Li and black beans

材料（2~3 人量）

桑寄生 15 克
牛大力 15 克
青仁黑豆 30 克
紅棗 4 粒
豬骨 250 克
海鹽 1/4 茶匙

做法

1. 桑寄生、牛大力、青仁黑豆分別浸洗；紅棗去核；豬骨洗淨，出水。
2. 全部材料放入煲內，用 8 碗水煮 2 小時，調味即成。

食療功效

能補益肝腎、強骨止痛。

飲食宜忌

本品藥香味濃。適合肝腎虧虛、腰脊痠痛、風濕骨痛、骨質疏鬆人士。一般人群可服，痛風患者不宜用黑豆，可改用栗子同煮。

小貼士：生骨刺是退化性關節炎所致，骨刺並不會直接產生痛症，但當骨刺壓迫周圍軟組織產生炎症時才會致痛。疼痛時除了依照醫生囑咐按時服消炎藥外，亦可接受一些物理治療，或透過拉筋及肌力鍛煉來改善關節功能。

處理方式：急性發炎腫脹時，可使用冰敷來消腫止痛；關節僵硬但不腫脹時，則可使用熱敷或泡熱水作紓緩，水的溫度大約攝氏 42~50 度為宜。

認識主料

桑寄生

能補肝腎，強筋骨，祛風濕。

牛大力

有補虛潤肺、強筋活絡的功效。

青仁黑豆

可潤肺養顏、補血安神、明目、解毒。

老桑枝桂枝赤芍湯

Chi Shao soup with mulberry and cassia branch

材料 （2~3 人量）

老桑枝 20 克
桂枝 20 克
赤芍 30 克
蜜棗 2 粒

做法

1. 老桑枝、桂枝、赤芍浸洗。
2. 全部材料用 10 碗水煮 1 小時成 6 碗，一天分服 3 碗，2 天服 1 劑。3 劑為一療程。

食療功效

有通利關節、消炎止痛的功效。

飲食宜忌

本品微有藥味。適合腳底筋膜炎、關節屈伸不利、風濕關節痹痛人士。孕婦忌服。

認識主料

老桑枝

有祛風濕、利關節的功效。

桂枝

能發汗解肌、散寒止痛、溫經通陽。

赤芍

可清熱涼血、散瘀止痛、抗炎。

小貼士：腳底筋膜炎和足跟痛的區別在於其痛點在足跟內側或腳的中間。食療只能作輔助治療，必須耐心治理及多做伸展、拉筋運動。

疼痛處理方式：急性發炎疼痛宜用冰敷法；平時可用泡熱水方式，每天早晚各泡 1 次，每次 20 分鐘。溫度攝氏 42~50 度為宜。同時可多做些足趾內肌運動：坐在一張椅子上，把腳平放在一塊毛巾上，用腳趾稍為用力令毛巾彎曲，維持 15 秒，再休 5 秒，重複 20~30 次。

川芎白芷天麻魚頭湯

Fish head soup with Chuan Xiong, Bai Zhi and Tian Ma

認識主料

川芎

能活血行氣、祛風止痛。

白芷

有散風除濕、通竅止痛、消腫排膿的功效。

天麻

能平肝熄風，鎮靜、鎮痛、抗驚厥。

大魚頭

有補腎益氣、强筋骨、暖脾胃、去頭暈、益腦髓的功效。

大魚頭

材料（2~3 人量）
川芎 10 克
白芷 5 克
天麻 10 克
生薑 2 片
紅棗 4 粒
大魚頭 1 個
海鹽 1/4 茶匙

做法

1. 川芎、白芷、天麻浸洗；紅棗去核；大魚頭劏洗淨。
2. 大魚頭用少許油煎至兩面金黃，加入其他材料，用 7 碗水煮 1 小時成 3 碗，調味後即可連湯料同食。

食療功效

能疏散風寒、祛風止痛。

飲食宜忌

本品香濃美味。適合感冒頭痛、偏正頭痛、頭暈、腹痛、月經不調、四肢麻木和面癱等人士。一般人群可服，陰虛火旺者不宜。

小貼士：反覆發作的頭痛，較多見為偏頭痛、肌肉緊張性頭痛，睡眠不足、情緒緊張也會引起頭痛。故經常頭痛最好找醫生作檢查，找出病因才能對症治好。魚頭所含 DHA 較魚的其他部位高 3 倍，同時亦含有卵磷脂，不僅能激活大腦細胞，還可大大增强人腦記憶力和判斷力。

頭痛處理方式：冷敷熱敷，化解肌肉痙攣僵硬。冷敷或冰敷可以減少痙攣性頭痛如偏頭痛；熱敷則對局部血液循環不好所引起的慢性頭痛，較具效果。

白芍木瓜甘草茶

Liquorice papaya tea with Bai Shao

材料 （1 人量）

白芍 30 克

宣木瓜 15 克

炙甘草 10 克

做法

木瓜、白芍、炙甘草浸洗淨，用 5 碗水煮 45 分鐘成 2 碗，一天分服。

食療功效

能舒筋活絡、柔肝止痛。

飲食宜忌

本品味道帶酸，適合肝血不足、血不養脈所致的小腿抽筋及手足痙攣疼痛人士。孕婦及哺乳媽媽慎用。

疼痛處理方式：如感受風寒引致，可用熱敷法。如游泳、運動時小腿抽筋，可迅速地掐壓手上合谷穴（即手掌虎口、第一掌骨與二掌骨中間陷處），以及上嘴唇的人中穴（即上嘴唇正中近上方處），掐壓 20~30 秒鐘之後，疼痛即會緩解，肌肉會鬆弛。

認識主料

宣木瓜

有平肝和胃、祛風去濕、活血通絡、滋脾益肺的功效。宣木瓜為皺皮木瓜，是安徽省宣城特產，被譽為「植物黃金」。對防治風濕痲痹、腓腸肌痙攣有良效。小腿抽筋原因有多種，身體缺鈣、受了風寒、體液電解質不平衡、過度運動等都會引致小腿抽筋。除了改善電解質不平衡的問題之外，改善血液循環、常做肌肉伸展運動、注意腿部及足部的保暖都有助減少小腿抽筋。

香茅黃薑青蘋果水

Lemongrass turmeric green apple tea

材料 （1~2 人量）

香茅 6 枝
黃薑 20 克
青蘋果 2 個
冰糖適量

做法

1. 香茅洗淨，拍扁後切片；黃薑連皮洗淨，切片；青蘋果浸入熱水中去蠟、去農藥，切塊去核。
2. 全部材料用 6 碗水煮半小時成 3 碗，調入冰糖煮溶即可供服。

食療功效

有行氣止痛、促進膝軟骨生長的功效。

飲食宜忌

本品清香美味，一般人群可食。適合膝蓋軟組織磨損疼痛、感冒頭痛及風濕痹痛者。孕婦忌服。

認識主料

香茅

能疏風解表、祛瘀通絡。

黃薑

有活血化瘀、行氣止痛的功效。

青蘋果

能養肝解毒、抗抑鬱、促進骨骼生長。

小貼士：適當的減重，能夠有效減少膝蓋負擔。平時要避免上下樓梯、過度跑跳，蹲、跪、爬山等負重的運動；食療能起到輔助治療功效。

疼痛處理方式：游泳可以增加肌力，同時利用水的浮力可減少關節負擔。鹽敷法、浸熱水浴等，可加速血液循環，放鬆肌肉。疼痛時如必須上下樓梯，可試用雙手反手托住臀部而行，雖然動作看來有點不雅，但非常管用，可減少膝蓋負擔。此外，堅持每晚做 5 分鐘「拍腳運動」，對減少疼痛很有幫助。

白朮薑棗茶

Ginger red date tea with Bai Zhu

材料
（1 人量，主治網球肘）
白朮 15 克
生薑 3 片
甘草 10 克
紅棗 5 粒

做法

1. 白朮、甘草浸洗；紅棗去核。
2. 將材料放入煲內，用 5 碗水煮 45 分鐘成 2 碗即可一天分服。

食療功效

有補脾益氣、緩急定痛的功效。

飲食宜忌

本品微有藥味。適合網球肘、風寒濕痹引致的腰痠肌肉疼痛者。一般人群可服。

認識主料

白朮
能補脾燥濕、利水止汗。

甘草
有補中益氣、瀉火解毒、緩和藥性、緩急定痛的功效。

紅棗
能補脾胃、養血安神。

生薑
能祛風解表。

小貼士：對於經常使用勞力的人或家庭主婦，手肘疼痛是最常見的問題。因工作所引起之網球肘應立即減少工作量，以免病情惡化。家庭主婦買菜時，盡量使用手推車，少用提籃；以手提重物時，必須注意手腕姿勢，不可背屈。

疼痛處理方式：鹽敷法、浸熱水浴等可加速血液循環，放鬆肌肉，紓緩疼痛。

牛油果碎蛋三文治

Egg mayo sandwich with avocado

材料（2~3 人量）

牛油果 1 個

雞蛋 1 個

麥方包 4 片

醬料

鮮檸汁 2 茶匙

沙律醬 1 湯匙

黑胡椒粉少許

做法

1. 牛油果去皮、去核，用湯匙將果肉壓成蓉；雞蛋焓熟，壓成蓉。
2. 將所有材料加醬料混合，塗在已烘香的麥包上即可供食。

食療功效

有滋陰養血、防肌肉疼痛的功效。

飲食宜忌

本品清香味美，老少皆宜。適合肩頸膊痛、肌肉緊張、身體虛弱、營養不良者。一般人群可食。

認識主料

牛油果

能降膽固醇、美容護膚、保護消化系統、改善肌肉疲勞。

雞蛋

有潤肺清熱、滋陰潤燥、養血息風、增進體力的功效。

小貼士：長期垂頭用電腦、玩手機易導致頸椎錯位，出現頸痛、手痹、頭痛等，應看醫生作檢查找出病因，勿延誤治理。肩頸膊痛亦可能因年青時運動創傷或工作勞損，未能適當治療留下的後遺症。每日半個牛油果，可改善肩頸膊痛。因為牛油果能加快恢復肌肉疲勞，是天然優質抗氧化食物。

疼痛處理方式：鹽敷法、浸熱水浴等可加速血液循環，放鬆肌肉，紓緩疼痛。

淮杞栗子粥

Congee with chestnuts, Huai Shan and goji berries

■ 改善痛症 ■

材料（1~2 人量）

淮山 30 克
杞子 4 克
栗子 150 克
白米 60 克

做法

1. 淮山、杞子浸洗；栗子放入滾水中去衣；白米洗淨。
2. 全部材料除杞子外，用適量水煮至濃稠適度的粥，加入杞子煮 5 分鐘可供食。

食療功效

能補腎強筋、健脾養胃。

飲食宜忌

適合腎虛、腰痠膝軟、腿腳無力、腳跟痛人士。一般人群可食，脘腹脹滿者不宜多食。

認識主料

淮山

能補中益氣、健脾和胃、長肌肉、止瀉。

栗子

有養胃健脾、補腎壯腰、強壯筋骨的功效。

小貼士：足跟痛可能因身體發胖、負擔過重，或足有畸型、足跟着力過大引致。最好盡早尋求專業的醫療服務，找出引致足跟痛的原因。

疼痛處理方式：較輕微的腳跟痛，可用冷敷法來消腫止痛，早、晚各敷一次。平時可多用叩診器做一些「腳底拍打運動」揉軟筋絡，或每晚堅持做 5 分鐘「拍腳運動」，可減少發病。

紓緩失眠

香港人生活節奏以「快、急、趕」見稱，精神緊張、工作壓力大，失眠的經驗想必每個人或多或少曾經試過，如睡不着、多夢、淺眠、容易醒等。有失眠症的人，因為不能得到充分的休息，通常較容易焦慮、緊張及情緒不穩定，同時會很易出現負面情緒。長期壓力無法紓解，免疫力會低下，各種身心病纏身。有醫學研究指出，與情緒有關的疾病，已高達 200 多種，比如反覆的感冒、氣管問題、各種難以名狀的痛症、女性的卵巢、乳腺等毛病，男性的攝護腺毛病等，都非常容易遭受不良情緒的攻擊。

情志變化可以説對身體各個臟器都有不同的壞影響，而充足睡眠和良好睡眠質量可降低患抑鬱症的風險。既然失眠和不良情緒互相關連，我們就要積極改善失眠，想辦法趕走負面情緒。有研究指只要每晚睡足 8 小時，就能提升積極態度，令身心更為健康。要安睡有很多方法，比如睡前多做點放鬆身體的活動、聽點輕音樂、泡個熱水澡、飲杯熱牛奶等，都有助入睡。

近年有人提倡、推行慢食、慢工、慢動、慢療和慢閒運動的「慢活」生活方式，抗拒倚賴時鐘與凡事求快的壓力，以一種正常而平衡的速度生活，培養正面情緒，讓生活變得更加豐富和美好。所以平時不用工作的時候，不妨多出去戶外散散步，欣賞大自然的美景，或看本好書，好好做點運動，都是踢走壞情緒的好方法。

而採用飲食調理，不單能增加生活情趣，更有助紓緩失眠。醫學研究指出，人體褪黑激素分泌越多，睡得越好。日常食物中，富天然褪黑激素食物如燕麥、粟米、糙米、香蕉、海藻、大豆、南瓜子、花生等，除了有助安睡，同時有助大腦釋放五羥色胺（一種快樂素）。本篇介紹的食譜，主要採取助大腦釋放「快樂素」的食物，如各類粗糧穀物、種子、豆類、堅果類、綠葉蔬菜，以及富含鈣、鉀、鎂、奧米加-3脂肪酸等對大腦有益的食物，來提升睡眠質素，減少負面情緒，增強快樂感。

芹菜金針雲耳炒百合

Stir-fried celery with day lily, cloud ear fungus and lily bulbs

食療功效

能降壓止咳、除煩安神。

飲食宜忌

本品爽脆可口，老少皆宜。適合高血壓、精神抑鬱、煩躁不安、失眠多夢人士。一般人群可食。

材料（2~3 人量）

西芹 150 克
鮮百合 50 克
金針、雲耳 1 小撮
甘筍絲少許
葱花 1 茶匙
薑絲 1 茶匙

調味料

鹽半茶匙
雞粉 1/4 茶匙
麻油 1 茶匙（後下）

做法

1. 西芹洗淨，撕去老筋，切片；鮮百合剝開，洗淨；金針、雲耳浸軟。
2. 燒熱油，爆香薑絲，倒入所有材料炒香（除了葱花），加調味料及少許清水，最後加入麻油及葱花，兜炒幾下即可上碟。

認識主料

金針

有鎮靜安神、利濕熱、寬胸膈的功效。它又名「忘憂草」，其所含的天門冬素及秋水仙鹼，有安神的作用，對神經衰弱者有鎮靜催眠功效，故又有「安眠菜」之稱。

玫瑰棗仁炒豬心

Stir-fried pork heart with rose buds and sour date kernels

食療功效

能疏肝解鬱、養血安神。

飲食宜忌

本品香濃味美。適合肝氣不舒、虛煩不眠、心慌驚悸、睡臥不寧、健忘人士。一般人群可食，孕婦不宜。

■ 紓緩失眠 ■

材料（2~3 人量）

玫瑰 10 克
酸棗仁 20 克
紅棗 4 粒
豬心 1 個
蒜茸 1 茶匙
生粉水 1 湯匙

調味料

鹽 1/4 茶匙
糖半茶匙
蠔油 2 茶匙

做法

1. 玫瑰、酸棗仁洗淨，用 2 碗水煮成半碗，取汁備用；紅棗去核，切片。
2. 豬心洗淨，切片。
3. 燒熱少許油，爆香蒜茸，放入豬心片、紅棗片炒香，加入調味料及玫瑰藥汁，煮至汁稠，埋薄芡即可上碟。

認識主料

酸棗仁

具有養心補肝、寧心安神、斂汗、生津的功效，並有效解決失眠，提升睡眠質量，故有「東方睡果」之美稱。

玫瑰

能舒肝解鬱、消除疲勞、調理月經。

豬心

有養心安神、鎮驚、止汗的功效。

養心藕粉小米粥

Millet congee with lotus root starch

材料（2~3 人量）
蓮子 50 克
圓肉 10 克
杞子 1 茶匙
小米 100 克
藕粉 1 小包（35 克）
冰糖適量

做法

1. 蓮子、杞子浸洗，蓮子去芯；小米、圓肉沖洗；藕粉用少量水調勻。
2. 蓮子、圓肉、杞子、小米用 5 碗水煮 20 分鐘，加入冰糖煮溶，最後調入藕粉水，邊攪邊煮，至粥濃稠即可供食。

食療功效

養心安神、潤澤肌膚。

飲食宜忌

本品香滑美味。適合神經衰弱、貧血、面色無華、失眠多夢、病後或手術後體虛、精神疲倦人士。一般人群可服。孕婦不宜用圓肉，可改用紅棗 4 粒代替。

認識主料

蓮子
能養心安神、益腎固澀、健脾止瀉。

圓肉
有補心安神、養血益脾的功效。

小米
能清熱解渴、健胃除濕、和胃安眠。

藕粉
有補心益腎、滋陰養血、強身健骨的功效。

小貼士：中醫認為改善血液循環對心腦有益，有了充足的氣血和暢通的經絡，便能養心神。本品養心益脾，有助抑制過度亢奮的中樞神經，令心情平靜安穩。

三色藜麥蠔粒飯

Tricolour quinoa rice with dried oysters

材料（2~3 人量）

蠔豉 60 克
三色藜麥 100 克
白米 30 克
薑絲 1 湯匙
芫茜、葱花各 1 湯匙

醃料

生抽 2 茶匙
米酒 1 湯匙
生粉少許

調味料

鹽 1/4 茶匙
糖半茶匙
蠔油 2 茶匙

做法

1. 蠔豉用冷水浸 1 小時，切粗粒，用醃料醃約 30 分鐘。
2. 三色藜麥、白米洗淨，放入電飯煲中，加適量水煮成飯。
3. 燒熱少許油，爆香薑絲，加入蠔粒炒香，藜麥飯入鑊，加調味兜炒片刻，最後灑入芫茜、葱花即可供食。

食療功效

能滋陰清熱、除煩安神。

飲食宜忌

本品美味可口。適合肥胖、三高症、神經衰弱、精神緊張、心煩失眠人士。一般人群可食。痛風患者少食。

認識主料

三色藜麥：含有多種礦物質及微量元素，有助預防三高症；並含有植物雌激素及優質蛋白，可預防骨質疏鬆及有助穩定情緒。

蓮藕蓮子麥冬湯

Lotus root soup with lotus seeds and Mai Dong

材料（2~3 人量）

蓮藕 200 克
有芯蓮子 30 克（或新鮮蓮子 60 克）
麥冬 15 克
紅棗 6 粒

做法

1. 蓮藕去皮，洗淨切塊；蓮子、麥冬浸洗；紅棗去核。
2. 全部材料用 7 碗水煮 1 小時成 3 碗左右即可供服。

食療功效

能健脾補血、清心安神。

飲食宜忌

本品清甜可口。適合心煩失眠、面色蒼白、睡不安寧、盜汗人士。一般人群可服。

認識主料

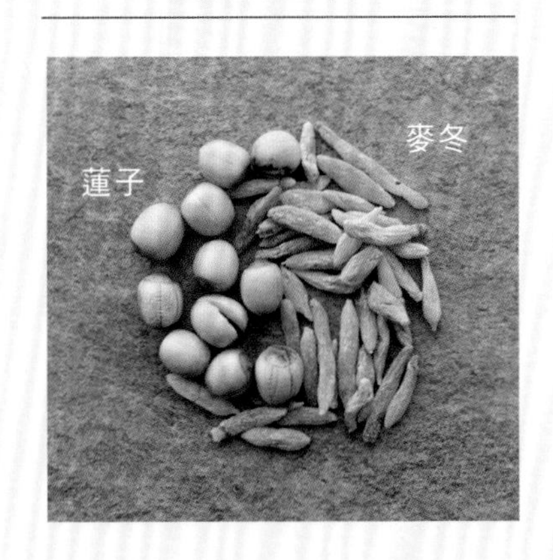

蓮子

有養心益腎、補脾、澀腸的功效。

麥冬

有養陰潤肺、生津止渴、清心除煩的功效。

蓮藕

能活血散瘀、益血生肌、止瀉。

小貼士：有芯蓮子有清心安神之效，與麥冬同用，對病後餘熱未清、心煩口乾、心悸不眠有良好療效。

合歡花豬肝瘦肉湯

Lean pork and pork liver soup with He Huan Hua

材料（2 人量）

合歡花蕾 10 克
豬肝 60 克
瘦肉 100 克

醃豬肝料

生抽、胡椒粉、米酒適量

做法

1. 合歡花蕾浸洗；豬肝切片後用醃料醃半小時；瘦肉洗淨切片。
2. 燒滾 5 碗水，加入全部材料，煮 20 分鐘成 2~3 碗即成。

食療功效

能養肝舒肝、解鬱安神。

飲食宜忌

本品味香微苦。適合肝氣鬱結、胸脇脹悶、鬱鬱不歡、情緒低落、失眠及神經衰弱人士。一般人群可服，孕婦不宜。

認識主料

合歡花

有舒肝解鬱、理氣安神的功效。在合歡花盛開時採收，皺縮成團，有如棉絮。合歡米為合歡之花蕾，以身乾、色黃綠、無泥雜，花不碎者為佳。性味功用等同合歡花。

玫瑰洋甘菊茶

Rose camomile tea

■ 紓緩失眠 ■

材料（2~3 人量）

玫瑰花 10 克
洋甘菊 10 克

做法

1. 玫瑰、洋甘菊用開水洗一遍，放入保溫壺內。
2. 開水注入在壺內，焗 5 分鐘可飲。

食療功效

能舒肝解鬱、鎮靜安眠。

飲食宜忌

本品清香。適合月經不調、睡眠欠佳、眼睛疲勞、精神緊張、偏頭痛人士。一般人群可服，但脾胃虛寒及孕婦不宜。

認識主料

洋甘菊

可以幫助睡眠，緩解病人的發炎和疼痛症狀。以羅馬及德國出產的洋甘菊較清香及耐存放。洋甘菊茶宜暖飲不宜凍飲，因性寒涼對胃腸不利。

薑棗圓肉茶

Ginger and red date tea with dried longans

材料（2~3 人量）

生薑汁 2 湯匙

紅棗 6 粒

圓肉 20 克

做法

1. 紅棗去核，切片；圓肉沖洗。
2. 將紅棗片、圓肉、生薑汁用 3 碗水煮 15 分鐘成 2 碗即成。

食療功效

能補益心脾、養血安神。

飲食宜忌

本品香甜味美。適合脾胃虛寒、四肢不温、面色蒼白、失眠多夢人士。一般人群可服，糖尿病、陰虛火旺者。孕婦不宜用圓肉。

認識主料

薑汁

能暖胃祛寒、發汗解表。

紅棗

能補氣健脾、保護肝臟。

圓肉

有養血安神、補益心脾的功效。

小貼士：圓肉配紅棗，對於因氣血不足引起的倦怠、面色萎黃、少氣自汗等症皆有益。而薑汁含有的薑辣素，有助促進血液循環，對四肢冰冷、經常失眠人士有益。

茉莉安神茶

Nerve-calming jasmine tea

■ 紓緩失眠 ■

材料（2~3 人量）

茉莉花 6 克
石菖蒲 6 克
綠茶 1 小撮

做法

1. 茉莉花、石菖蒲、綠茶用開水沖洗 1 遍，放入保溫壺內。
2. 注入開水，焗 10 分鐘可飲。

食療功效

能疏肝理氣、化濕、安神。

飲食宜忌

本品清香。適合肝氣不舒、心悸健忘、失眠多夢、神經衰弱人士。一般人群可服，孕婦不宜。

認識主料

茉莉花

能理氣和中、平肝解鬱。它的香氣怡人，可安定情緒，改善昏睡及焦慮現象。

石菖蒲

有和胃化濕、醒神益智的功效。

綠茶

能消脂減肥、延緩衰老、改善消化不良。

預防失智

有時候我們的記憶力會出點問題，例如忘記別人名字、找不到鑰匙、找不到東西，但事後又會記起來，這種健忘的困擾是正常的；因為人的記憶力大約在 30 歲左右達到高峰，隨着年齡增加而逐漸下滑。現代的青壯年族群因為工作及家庭等多重壓力，往往用腦過度，造成腦部年齡比實際年齡衰老，而經常出現記憶力衰退現象。但如果這種忘記事，別人提醒你尚且記不起、找到東西後已記不起那樣物品的用途和來源時，記憶力減退已到了較嚴重的地步，有可能是患失智症了。

失智症是指腦部的疾病，以記憶力功能減退為主要表徵，伴隨着大腦其他的認知功能如判斷、推理能力、定向感、注意力、言語、執行力等異常。失智症在臨床上還有其他特徵，如情緒上及人格變化、尿失禁、吞嚥困難、步履障礙等等。失智症的症狀一旦出現，九成患者臨床上呈現的症狀幾乎就是不可逆的一路退化，在臨床上並無有效的治療方式，即使是藥物，只能稍稍減緩退化趨勢。因此，積極的預防方式，遠勝於症狀出現後的治療。

近年有多項研究顯示，高血壓、高血脂、糖尿病、長期飲酒、抽煙等人士都是失智症的高危人群。因此，應該由調整飲食習慣、多做運動、戒煙戒酒等開始來預防三高症，避免失智症纏身。年長者日常不妨多做一些「伸舌頭運動」，這種伸舌頭做法不僅能強化內臟功能、改善吞嚥能力，同時有助活化腦神經細胞。

伸舌運動做法：把口張大，舌尖向前盡量伸出，使舌根有拉伸的感覺，當舌頭不能再伸長時，把舌頭縮回口中；這樣一伸一縮，面部肌肉和舌頭也隨着一張一收，共做 36 次。

護肺養生茶可以紓解酒毒

葛花解酒飲可以紓解煙毒

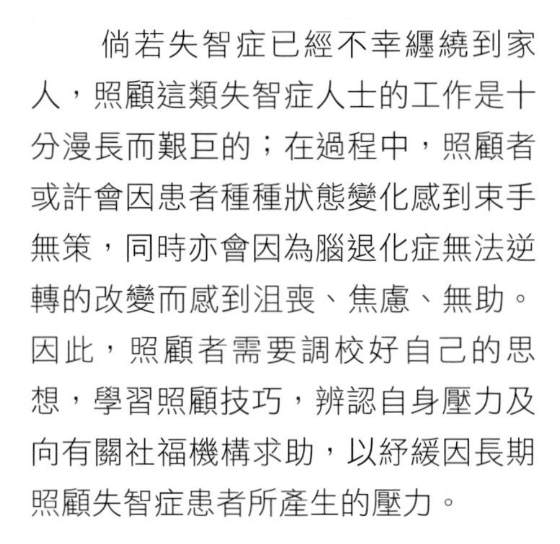

倘若失智症已經不幸纏繞到家人，照顧這類失智症人士的工作是十分漫長而艱巨的；在過程中，照顧者或許會因患者種種狀態變化感到束手無策，同時亦會因為腦退化症無法逆轉的改變而感到沮喪、焦慮、無助。因此，照顧者需要調校好自己的思想，學習照顧技巧，辨認自身壓力及向有關社福機構求助，以紓緩因長期照顧失智症患者所產生的壓力。

維持患者和家人的正常關係非常重要！照顧者若能認清自身的能力，調校好情緒，了解多些有關的社會資源，必定有助於延續與患者的正常關係。此外，照顧者日常宜多採用一些具養心安神及紓緩壓力的食療來踢走不安、疲憊及壞情緒；同時亦可多用一些具健腦醒神，增加腦血流供應的營養食品給患者食用，以改善其專注力、記憶力和協調能力。只要積極用心去締造一個良好的環境，生活質素亦可因此得以保持。

本篇推介多款有助益智寧心、健腦醒神的食療，更有解煙毒、解酒毒的簡易茶飲供參考，只要身體調理得好，全身及腦部血流保持通暢，失智症就不容易找上門！

檸汁三文魚

Fried salmon fillet in lemon juice and basil

食療功效

能健腦益智、暖胃補虛、降血壓。

飲食宜忌

本品鮮味香濃。適合貧血、皮膚粗糙、消化不良、心血管病、視力衰退及腦退化人士。一般人群可食，痛風患者不宜。

認識主料

三文魚

能補虛勞、健脾胃、暖胃和中。

小貼士： 三文魚含豐富的 Omega-3、維他命 D、DHA 等營養成分，有助補腦健腦，預防腦退化。羅勒葉能增强記憶力，可使感覺敏鋭、精神集中及消除焦慮。

材料（2 人量）

三文魚扒 1~2 塊
羅勒 4 棵
薑茸 1 茶匙
檸檬半個

醃料

海鹽、黑胡椒粉、生粉適量

做法

1. 三文魚扒洗淨，抹乾後拍上少許生粉及醃料；羅勒去枝取葉，將羅勒葉洗淨切碎。
2. 燒熱少許油，下薑茸，放入三文魚扒煎至兩面金黃及熟透，灑入羅勒葉碎，上碟時榨入鮮檸檬汁調味即可供食。

松子仁西蘭花蘑菇

Stir-fried mushrooms with broccoli and pine nuts

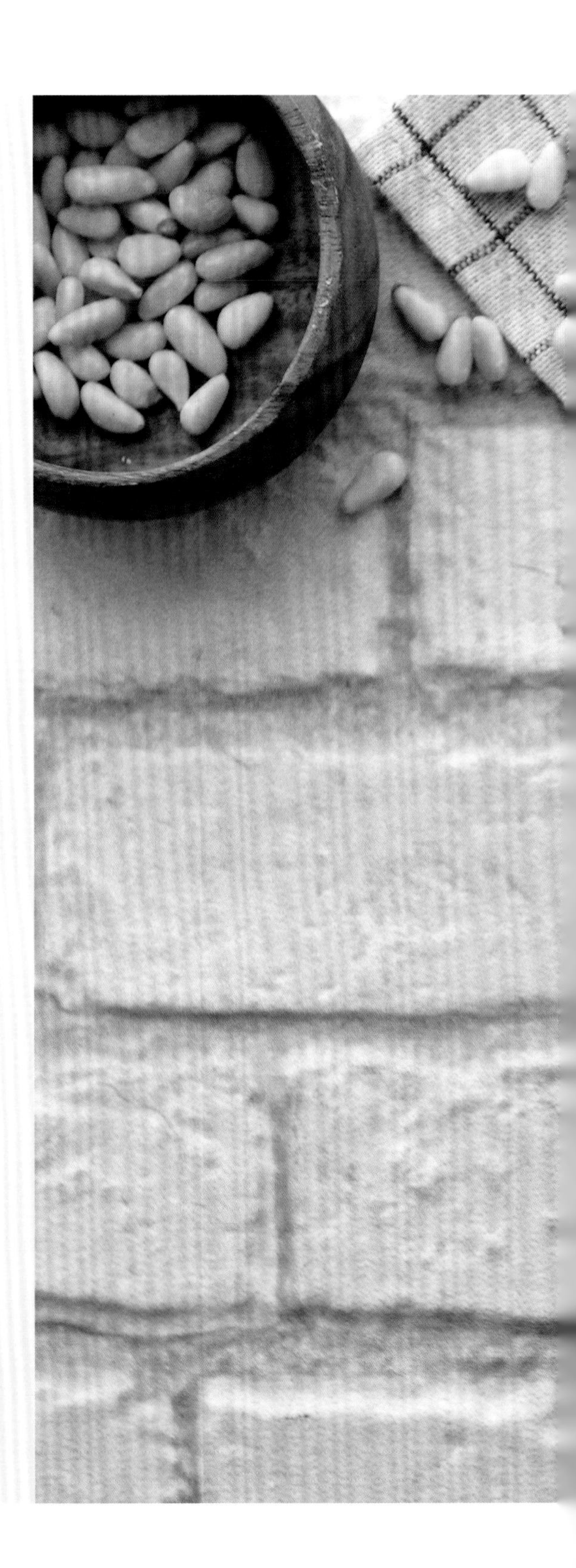

材料（2~3 人量）

松子仁 10 克
西蘭花 1 棵
鮮蘑菇 60 克
珍珠筍 6 條
蒜茸 1 茶匙

調味料

鹽 1/4 茶匙
糖半茶匙
米酒 2 茶匙
蠔油 2 茶匙

做法

1. 西蘭花洗淨，切小棵；鮮蘑菇沖洗，切片；珍珠筍洗淨，剖開對半。
2. 燒熱少許油，爆香蒜茸，加入西蘭花、蘑菇、珍珠筍炒香，灒酒加調味，加半碗水煮至西蘭花夠腍，汁收乾，灑入松子仁，兜炒片刻即可上碟。

食療功效

能潤肺養肝、延緩衰老。

飲食宜忌

本品清香美味。適合貧血、食慾不振、身體疲怠、腸燥便秘人士。一般人群可食，痛風人士不宜。

認識主料

松子仁

能滋陰養液、補益氣血、潤燥滑腸。它含有豐富的磷和錳，對大腦神經有補益作用，屬健腦佳品。

西蘭花

有保護肝臟、抗炎解毒、防癌、降壓的功效。它含有類黃酮物質，對高血壓、心臟病有調節作用，其所含的膽鹼類物質，除了可以強化記憶力，尚能健康大腦神經系統。

蘑菇

能補脾益氣、潤燥化痰。

健康長壽雞

Double-steamed chicken stuffed with nuts and goji berries

材料（2~3 人量）

有機童子雞（或急凍春雞）1 隻

核桃肉 30 克

松子仁 10 克

栗子 50 克

杞子 5 克

鹽 1/4 茶匙

醃料

香茅粉 1 茶匙

做法

1. 雞解凍，清洗乾淨，用香茅粉醃至入味。
2. 核桃肉、杞子浸洗；栗子放入開水中去衣撈出。
3. 全部材料塞入雞肚內；將雞放入燉盅內，加 2 碗開水，隔水燉 2 小時，調味即成。

食療功效

能補益肝腎、補腦益智。

飲食宜忌

本品香濃美味。適合肝腎虧虛、食慾減退、頭暈目眩、記憶力衰退人士。一般人群可服，外感未清者不宜。

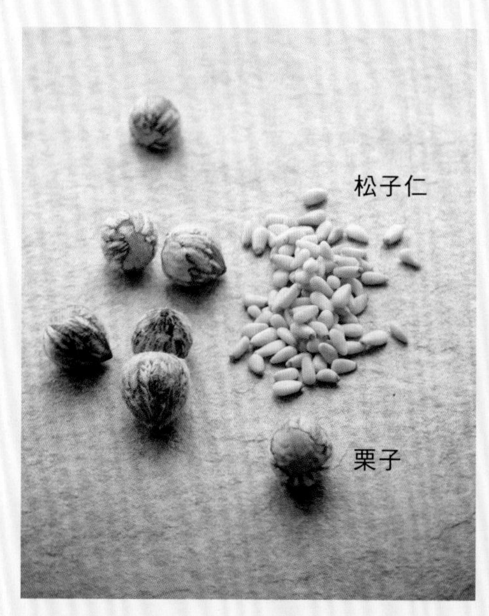

認識主料

核桃肉

能補腎強腰、溫肺定喘、潤腸通便、補腦益智。

松子仁

滋陰養液、補益氣血、潤燥滑腸。

栗子

能養胃健脾、補腎強筋。

有機童子雞

能溫中益氣、補精添髓。

小貼士：童子雞肉的蛋白質含量比例較高，而且易消化，很容易被人體吸收。雞肉加入松子及栗子等材料同燉，能增強體力、延緩衰老。

薑黃羅勒葉
大魚頭湯
Fish head soup with turmeric and basil

材料（2 人量）
薑黃 20 克
羅勒 4 棵
大魚頭 1 個
海鹽 1/4 茶匙

做法
1. 薑黃連皮洗淨，切片；羅勒去枝留葉，洗淨；大魚頭劏開洗淨。
2. 大魚頭用少許油煎香，加入 4 碗開水，放入薑黃大約煮 20 分鐘，最後加入調味及羅勒葉，滾起即可連湯料同食。

食療功效

能行氣疏風、防治腦退化。

飲食宜忌

本品香味濃郁。適合脾胃虛寒、食慾減退、高血壓眩暈、腦退化人士；但腎病、胃潰瘍及孕婦不宜。

認識主料

薑黃
是天然抗炎及護肝食物，能改善大腦功能，預防腦退化、減少退行性疾病；因為它含有的薑黃素能穿越血腦障壁，協助巨噬細胞清除 β- 類澱粉蛋白。薑黃素的衍生物可直接及間接抑制癌細胞的生長，有助降低乳癌、肺癌、大腸直腸癌及攝護腺癌的發生率。薑黃素還能抑制膽固醇形成，預防心血管疾病。但有腎臟疾病、胃潰瘍、膽管堵塞的人及孕婦不適合食用薑黃。

羅勒葉
能疏風行氣、化濕消食、活血解毒。

大魚頭
有補腎益氣、強筋骨、暖脾胃、去頭眩、益腦髓的功效。

葛花解酒飲

Kudzu flower hangover cure

材料 （2 人量）

葛花 15 克
陳皮 2 片
桔餅 1 個
白果 10 粒
百合 20 克

做法

1. 葛花、陳皮、百合分別浸洗，白果去芯；桔餅切碎，陳皮刮瓤。
2. 全部材料放入煲內，用 5 碗水煮半小時成 2 碗即可供服。

食療功效

能醒脾和胃、清心除煩、解酒毒。

飲食宜忌

本品香甜微有苦味。適合飲酒過多、頭脹頭昏、精神疲倦、容易咳喘、失眠人士。一般人群可服，孕婦慎服。

認識主料

葛花
能善解酒毒、醒脾和胃、解渴。

桔餅
能開胃理氣、止咳潤肺。

白果
可祛痰定喘、收斂除濕。

百合
有潤肺止咳、清心安神的功效。

小貼士：即使飲少量至中量的酒，都可能影響健康，如損害消化系統、肝臟、心臟；長期酗酒更會加速腦部老化、損傷智力、令情緒不穩定、注意力分散。所以即使應酬不可免，都有必要控制飲量。這味解酒茶可於酒後飲用。

護肺養生茶

Herbal tea for lung health

■ 預防失智 ■

材料（2 人量）

黃蓍切片 10 克
北沙參 15 克
玫瑰花 10 朵
桑葉 5 克
圓肉 50 克

做法

1. 黃蓍、沙參、桑葉浸洗；玫瑰、圓肉沖洗。
2. 將材料放入煲內，用 5 碗水煮 20 分鐘成 2 碗即可供飲。

食療功效

能補氣養陰、潤肺解煙毒。

飲食宜忌

本品清香。適合經常吸煙、肺燥咳嗽、肌膚粗糙、精神疲倦人士。一般人群可服，感冒發燒者及孕婦不宜。

認識主料

黃蓍

有補氣升陽、固表止汗、托瘡生肌、利水消腫的功效。

北沙參

能清肺潤燥、養胃生津。

玫瑰

能舒肝解鬱、活血調經、消除疲勞。

桑葉

可疏散風熱、清肝明目。

圓肉

能養血安神、補益心脾。

小貼士：肺本身「嬌氣」得很，燥了不行，濕了不行，熱了不行，寒了不行，這些因素都會引發病症。此茶材料溫和，不寒不燥，可常服以護肺養生。

刺五加杞子茶

Ci Wu Jia tea with goji berries and red dates

材料（1 人量）

刺五加 15 克
杞子 6 克
紅棗 6 粒

做法

1. 刺五加、杞子浸洗；紅棗去核。
2. 將材料用 3 碗水煮 15 分鐘成 2 碗，飯前服用。

食療功效

能補氣活血、安神益智。

飲食宜忌

本品清甜微有藥味。適合體虛乏力、記憶力減退、神經衰弱、失眠多夢、腰膝痠痛、視力減弱者。一般人群可服，陰虛火旺者忌服。

認識主料

刺五加

能補中益氣、活血去瘀、健胃利尿。它的抗氧能力大約是維他命 E 的 5 倍左右，能有效的提高人體機能的氧氣吸收量。並能改善大腦血流量，同時有助抗疲勞、抗輻射、補虛弱、增强骨髓造血功能，調節中樞神經系統等作用。

杞子

有補血滋陰、益精明目、降血糖的功效。

紅棗

能補脾胃、養血安神。

炒黑豆葡萄乾茶

Toasted black bean tea with raisins

■ 預防失智 ■

材料（2人量）

炒香青仁黑豆 2 湯匙
黑葡萄乾 2 湯匙

做法

將材料放入保溫壺內，注入開水，焗 15 分鐘可服。

食療功效

補血安神、明目、養顏。

飲食宜忌

本品清香甘甜。適合貧血、精神不振、面色蒼白、筋骨痠軟、視力衰退人士。一般人群可服，痛風患者不宜。

認識主料

黑葡萄乾

能補血健脾、利筋骨、消除疲勞。它含有大量的多酚類物質及花青素，具有強力的抗氧化元素，可保護腦神經不被氧化，延緩大腦老化，穩固記憶力和預防失智。

增智茶

Herbal tea for brain power

■ 預防失智 ■

材料（2 人量）

益智仁、遠志、茯神各 20 克

做法

1. 將材料浸洗。
2. 用 5 碗水將材料煮 45 分鐘成 2 碗即成。

食療功效

能寧心安神、健腦益智。

飲食宜忌

本品微有藥味。適合心神不寧，驚悸不安，失眠健忘、腦力衰退及流涎人士。一般人群可服，但有胃炎者不宜。

認識主料

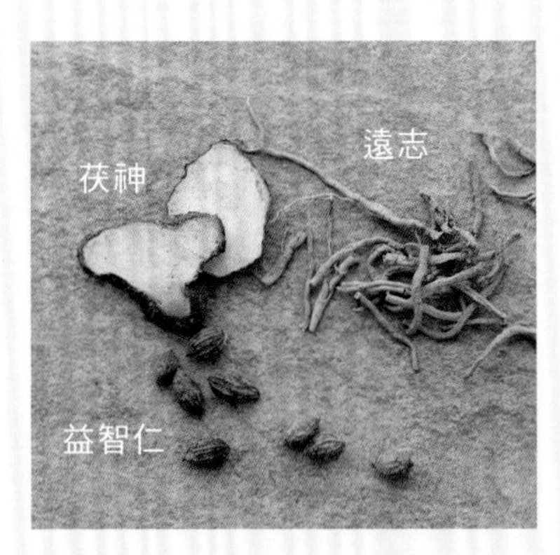

益智仁

能補腎固精、縮尿、溫脾止瀉、攝涎唾。

遠志

能寧心安神、祛痰開竅、消散癰腫。它常用於心腎不交引起的失眠多夢、健忘驚悸、神志恍惚、咳痰不爽及乳房腫痛等症；但有胃炎及胃潰瘍者慎用。

茯神

能健脾和中、寧心安神。

藍莓蘋果奶

Apple and blueberry smoothie

材料（1 人量）

藍莓 30 克
富士蘋果 1 個
鮮奶 300 毫升

做法

1. 藍莓浸洗；蘋果去皮，去核切片。
2. 將藍莓、蘋果、鮮奶放入攪拌器內，攪拌成蓉即可供飲。

食療功效

能健腦、明目、延緩衰老。

飲食宜忌

本品美味可口。適合視力減退、消化力弱、三高症、腦力衰退人士。一般人群可服。

認識主料

藍莓

能補肝明目、健腦益智、預防三高。它含有豐富的花青素，被譽為「漿果之王」，藍莓能增進視力、抗輻射、抗過敏、抗氧化、改善血液循環及改善睡眠。同時花青素能通過人體的血腦屏障營養腦細胞，增强記憶力。

調養五臟

很多慢性病都是由於臟腑虧損，元氣虛弱引致；而中醫認為五臟損傷不外陰、陽、氣、血；例如氣虛易出現自汗、易感冒、飲食減少、易疲倦等症狀；血虛會有心悸、多夢、面色不華、頭暈目眩、心神不安、耳鳴、脫髮等症狀；陽虛會有心悸、自汗、心胸疼痛、形寒肢冷、飲食減少、腹中冷痛、腰背酸軟、陽痿早洩、經少、性慾低下等症狀；而陰虛會有乾咳無痰、咽部乾燥、舌紅少津、眩暈耳鳴、面色潮紅、脫髮、牙齒易鬆動等症狀。要調理好體質，需要多了解自己的體質，掌握補益虛勞的方法，才不致於未老先衰。

要觀察一個人是否健康，可先從個人面容肌膚、鬢髮等外在表現來了解，因為顏面與臟腑氣血的盛衰都有密切關係。氣血好，皮膚瑩潤光滑，面色紅潤，雙目晶瑩水靈，頭髮茂密有光澤；氣血虛則面色無華、晦白或灰暗、肌膚粗糙、斑點及皺紋多，雙目無神，頭髮稀疏及乾枯。氣虛血弱是面容老化與虛損的根本所在，人體內在的氣血，往往決定了面容肌膚的外在表現;所以要讓自己擁有自然美，一定要從五臟的調理開始。

中醫認為不同的臟器對應不同的顏色，即紅養心、青調肝、黃健脾、白潤肺、黑補腎。所以日常可以多利用不同顏色的食材來入饌作菜，例如雙目無神，視力減退，可多用杞子、番茄、紅甜椒、藍莓、桑椹子一類紅色食材及紫黑色含花青素高的食材來調養；白髮、脫髮影響儀容，亦可以用何首烏、黑豆、桑椹、黑杞子、黑芝麻等黑色補腎食物來調理。只要日常多根據身體的狀況需求，來對應增補，五臟調理得宜，衰老的步伐就不會加速到來。

黑米粥

Black Rice Congee

材料（2~3 人量）

黑糙米 20 克
生薏米 20 克
白米 15 克
黑芝麻 10 克
青仁黑豆 20 克
核桃肉 2 顆
百合 10 片

做法

1. 黑糙米、青仁黑豆隔晚用清水浸透；其餘材料浸洗。
2. 全部材料放入電飯煲內，加適量水，煮成濃稠適度的粥即可供食。

食療功效

調補五臟、延年益壽。

飲食宜忌

本品香滑美味。適合貧血、面色蒼白、視力衰退、頭髮早白、腎虛、腰膝痠軟、腦力減退人士。一般人群可食，感冒發燒者不宜。

認識主料

黑糙米

能滋陰補腎、健脾暖肝、明目活血；素有「長壽米」之美譽，營養價值極高，黑米所含錳、鋅、銅等無機鹽都比白米高出1~3倍，更含有維他命C、花青素、胡蘿蔔素等成分，對頭髮早白、體弱易病、貧血、腎虛者有補養作用。由於黑米粒外面有堅韌的種皮包裹，不易煮爛，故最好煲前先浸泡一夜才煮。

紫甘藍寧心湯

Purple cabbage soup

材料（2-3 人量）

紫甘藍（紫椰菜）150 克
蓮子、百合各 30 克
紅棗 4 粒

做法

1. 紫甘藍洗淨後切塊；蓮子、百合浸洗；紅棗去核。
2. 全部材料用 7 碗水煮 1 小時成 3 碗即可供服，飲湯吃湯料。

食療功效

能潤肺養顏、養心安神。

飲食宜忌

本品清香可口。適合胃潰瘍、精神不振、容易疲勞、視力減弱、高血壓、高血脂人士。一般人群可服，甲減（甲狀腺機能低下症）患者忌用甘藍。

認識主料

紫甘藍

能清熱散結、健胃通絡。它可降低胃潰瘍病發率，是「天然胃藥」；所含的維他命 K，可令骨質更加密實；還含有葉黃素、花青素等都有抗衰老、明目等功效。但任何顏色的甘藍均可以干擾甲狀腺功能，故甲狀腺患者尤其是甲減患者宜少食。

黃耆姬松茸蟲草花響螺湯

Lean pork soup with dried conch, cordyceps flowers and Hime-Matsutake mushrooms

材料 （2-3 人量）

黃耆 10 克
姬松茸 15 克
蟲草花 15 克
生薑 2 片
蜜棗 2 粒
響螺乾 2 個
瘦肉 150 克
海鹽 1/4 茶匙

做法

1. 黃耆浸洗；姬松茸、蟲草花沖洗後用清水浸軟；響螺乾沖洗，與瘦肉一同出水。
2. 全部材料連浸姬松茸、蟲草花的水，用 7 碗水煮個半小時，調味即可連湯料同食。

食療功效

能滋補肝腎、補益肺氣。

飲食宜忌

本品鮮美可口。適合氣虛血弱、貧血、容易疲倦、視力衰退、三高症及癌症患者。一般人群可服，痛風人士不宜。

認識主料

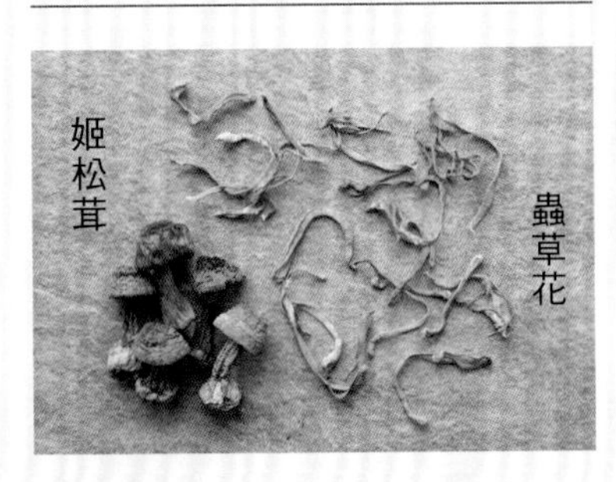

姬松茸

有健腦益智、扶正補虛、防癌、防三高症的功效。

蟲草花

能滋肺補腎、護肝、抗炎、降血壓、抗衰老。

黃耆

能補氣升陽、固表止汗、托瘡生肌、利水消腫。

響螺乾

可滋陰補腎、清熱、明目。

小貼士：姬松茸、蟲草花均含有豐富的多醣體化合物，有抗癌作用，而且味道香濃，故只要稍為沖洗，即可連浸的水一齊用。

洋參麥冬蔬菜湯

Vegetable soup with American ginseng and Mai Dong

材料（2-3 人量）

花旗參 6 克
麥冬 10 克
草菇 6 粒
紅蘿蔔、青椰菜各 100 克
黃甜椒 1 個
海鹽 1/4 茶匙

做法

1. 麥冬浸洗；草菇去蒂、剖開對半；紅蘿蔔去皮，切塊；椰菜、黃甜椒洗淨，去籽，切塊。
2. 將全部材料（除花旗參外）同放入煲內，用 7 碗水煮 1 小時成 3 碗，加入花旗參片及調味，滾 5 分鐘可服。

食療功效

能益氣生津、滋補五臟。

飲食宜忌

本品清香味美。適合夜睡、口乾咽燥、視力衰退、肥胖、容易疲倦、乾咳及三高症人士。一般人群可服。

認識主料

花旗參

有益氣生津、清熱潤肺、止渴的功效。

麥冬

可清心潤肺、養胃生津。

小貼士：近年流行的「彩虹飲食法」，就是利用各種不同顏色的瓜果、蔬菜、菌類植物來調整五臟，改善身體酸鹼值，提高身體免疫力，預防癌症。

雪耳蘋果鷓鴣湯

Partridge soup with white fungus and apples

材料（2-3 人量）

雪耳 6 克
蘋果 2 個
無花果 3 粒
生薑 3 片
鷓鴣 1 隻
海鹽 1/4 茶匙

做法

1. 鷓鴣劏洗淨，出水；雪耳浸軟，去蒂；無花果沖洗，剖開對半；蘋果去皮，去核，切片。
2. 將全部材料放入煲內，用 7 碗水煮 1 小時，調味即可供食。

食療功效

能潤肺化痰、滋補强身。

飲食宜忌

本品清香美味。適合虛勞咳嗽、咽乾喉燥、大便秘結人士，對老年慢性支氣管炎及肺源性心臟病有療效。一般人群可服，外感發燒不宜。

認識主料

鷓鴣

有滋養補虛、開胃化痰、補益五臟的功效。它的營養豐富，補而不燥，特別適合虛火盛、虛不受補人士。現時野生的鷓鴣多由外國進口，數量不多；現經大量人工繁殖，來源很充足，價錢也不會太貴。

杞子菠菜豬肝湯

Pork liver soup with goji berries and spinach

材料（2-3 人量）

杞子 4 克
菠菜半斤
豬肝 200 克
薑絲 1 茶匙
海鹽 1/4 茶匙

做法

1. 杞子浸洗；菠菜連根洗淨，切段；豬肝洗淨後切片。
2. 燒熱 5 碗水，加入全部材料，滾 20 分鐘，調味即可連湯料同食。

食療功效

能補血明目、潤腸通便。

飲食宜忌

本品清香味美。適合肝血不足、糖尿病、視力減弱，或黃昏後視力不清，面色萎黃、大便秘結人士。一般人群可服，痛風患者宜少吃豬肝。

認識主料

菠菜

能養血止血、養陰潤腸；菠菜含鐵量高，有良好補血功效，又含菠菜皂甙 A 和 B，有降低血糖之效，由於根部含量最多，糖尿病者宜連根一齊用。

黑杞子桑椹茶

Black goji berry tea with mulberries

材料（2 人量）

黑杞子 2 湯匙

黑桑椹 2 湯匙

做法

1. 黑杞子、黑桑椹放入壺內，用涼開水沖洗一遍；
2. 再注入攝氏 60~70 度溫熱水，焗 10 分鐘可飲。飲茶吃茶料。

食療功效

能益肝明目、補血養顏。

飲食宜忌

本品甜酸可口。適合肝腎虧虛、眼睛疲勞、貧血、高血壓、高血糖、頭髮早白、面色蒼白人士。一般人群可服。

認識主料

黑杞子

能補肝明目、延緩衰老、降低血糖。

黑桑椹

是較成熟的桑椹子，補肝益腎、滋液養血功效更强。

黑杞子、黑桑椹含豐富的花青素，其抗氧化及延緩衰老能力非常高；但花青素易被高溫破壞，影響療效，故此茶最好用攝氏 65 度左右的溫熱水沖泡。

製首烏黑芝麻糊

Black sesame paste with processed He Shou Wu

材料（2-3 人量）

杞子 2 茶匙

製首烏 15 克

淡奶 2 湯匙

黑芝麻粉 2~3 湯匙

做法

1. 製首烏、杞子分別浸洗；首烏先用 4 碗水煮 20 分鐘，隔去渣滓成藥汁。
2. 將藥汁煮滾，加入 2 湯匙淡奶，下杞子和黑芝麻粉調勻即可供服。

食療功效

能滋養肝腎、黑髮明目。

飲食宜忌

本品香滑可口。適合肝腎虧虛、面容憔悴、頭暈耳鳴、視物模糊、白髮脫髮及便秘人士。一般人群可服。

認識主料

製首烏

能補肝腎、益精血，並有降血壓的作用。生首烏，是將挖出的何首烏洗淨、切片、曬乾或烘乾後直接藥用，具有潤腸、通便、解毒散結的功能。製首烏，則是將生首烏與黑豆同煮後曬乾的首烏，是一味補肝腎、益精血、養心寧神的良藥。

CONTENTS

BRAISED SEA CUCUMBER WITH SHIITAKE MUSHROOMS IN ABALONE SAUCE

Makes 2 to 3 servings Ref. p.007

Ingredients

6 small dried shiitake mushrooms
1 tbsp green peas
200 g re-hydrated sea cucumber
1 tsp grated ginger
1 tbsp caltrop starch slurry

Marinade

1 tsp sugar
1 tbsp cooked oil

Seasoning

2 tbsp abalone sauce
2 tsp light soy sauce
1 tbsp rice wine

Method

1. Soak shiitake mushrooms in water till soft. Cut off the stems and add marinade. Mix well and leave them for 1 hour. Set aside. Rinse the green peas.
2. Cut the sea cucumber into chunks. Blanch in boiling water with a slice of ginger. Drain.
3. Heat a little oil in a wok. Stir-fry grated ginger until fragrant. Add shiitake mushrooms and sea cucumber. Toss well. Sprinkle with wine. Add seasoning (except caltrop starch slurry) and 1 bowl of water. Bring to the boil and cook over low heat until the sauce thickens and the sea cucumber and shiitake mushrooms are tender. Put in the peas. Thicken the sauce slightly with caltrop starch slurry. Serve.

Indications and contraindications

This dish is tasty and velvety smooth. It is good for those with Qi- and Blood-Asthenia, mental exhaustion, high blood pressure, high blood triglycerides and high blood sugar, or cancer patients. Most people may consume, but those with fever due to influenza and gout patients should avoid.

ASSORTED BELL PEPPERS WITH ONION

Makes 2 to 3 servings Ref. p.010

Ingredients

1 onion
1/2 red bell pepper
1/2 yellow bell pepper
1/2 green bell pepper
1 tsp grated ginger

Seasoning

1/2 tsp sugar
1/2 tsp salt
2 tsp vegetarian oyster sauce

Method

1. Peel and cut onion into chunks. Set aside. De-seed the bell peppers and rinse well. Cut into chunks.
2. Heat a little oil in a wok. Stir-fry onion briefly. Add ginger and bell peppers. Toss until fragrant. Add seasoning and a little water. Toss for about 5 minutes until the sauce reduces. Serve.

Indications and contraindications

This dish has a lovely fragrance and luscious aroma. It is good for those with heart disease, high blood pressure, high blood triglycerides and high blood glucose, poor appetite, impaired vision, compromised immune system, and those who catch a cold and flu easily. Generally speaking, most people may consume, but those with Heat accumulated in the Lung and Stomach meridians, and those with Yin-Asthenia and overpowering Fire should consume only in moderation.

STIR-FRIED CHICKEN TENDERLOIN WITH CHAYOTE AND CLOUD EAR FUNGUS

Makes 2 to 3 servings Ref. p.012

Ingredients

1 chayote
5 g cloud ear fungus
100 g chicken tenderloin
2 cloves garlic (sliced)
4 tbsp stock
1 tbsp caltrop starch slurry

Marinade

1/4 tsp salt
ground white pepper
rice wine
caltrop starch

Seasoning

1 tsp oyster sauce
1/2 tsp sugar

Method

1. Peel and de-seed the chayote. Then slice it and set aside. Soak cloud ear fungus in water till soft. Cut off the stems. Slice the chicken and add marinade. Mix well and leave it for 30 minutes.
2. Heat a little oil in a wok. Stir-fry the chicken until just cooked. Set aside.
3. Heat some oil in the same wok. Stir-fry garlic till fragrant. Put in the chayote and cloud ear fungus. Add seasoning and stock. Cook until the chayote is tender. Put the chicken back in and toss well. Stir in caltrop starch slurry. Cook briefly. Serve.

Indications and contraindications

This dish is tasty and sweet. It is good for those with indigestion, stuffiness in the chest, abdominal bloating, stomach and rib cage pain due to poor Qi flow in the Liver and Stomach meridians, and those with high blood pressure, high blood triglycerides and high blood glucose. Generally speaking, most people may consume.

CHICKEN BREAST SOUP WITH ASPARAGUSES AND WHITE RADISH

Makes 2 servings Ref. p.018

Ingredients

100 g asparaguses
1 white radish
2 pieces chicken breast
2 slices ginger
1/4 tsp sea salt

Method

1. Rinse the asparaguses. Cut into short lengths. Peel the white radish and cut into chunks. Rinse the chicken breast. Slice it.
2. Put all ingredients into a pot. Add 6 bowls of water. Boil until the liquid reduces to 3 bowls. Season with sea salt and serve the soup with the solid ingredients.

Indications and contraindications

This soup is delicious and light. It is good for those with high blood pressure, high blood triglycerides and high blood glucose, and those feeling hot in the nose and mouth, poor appetite and stuffiness in the chest due to accumulated Heat in the Lung and Stomach meridians. Generally speaking, most people may consume, but gout patients should not eat asparagus.

BRAISED CHESTNUTS WITH BURDOCK AND SHIITAKE MUSHROOMS

Makes 2 to 3 servings Ref. p.015

Ingredients

100 g fresh burdock
3 dried shiitake mushrooms
250 g fresh chestnuts
1 tbsp shredded carrot
1 tsp grated ginger

Seasoning

1/2 tsp sugar
1/2 tsp salt
2 tsp oyster sauce
1 tbsp caltrop starch slurry (added last)

Method

1. Peel burdock. Rinse and grate it into shreds. Put it into lightly salted water. Drain right before using.
2. Soak shiitake mushrooms in water till soft. Cut off the stems and shred them. Set aside. Boil the chestnuts in boiling water for a while. Peel them. Then add water and cook over low heat for 15 minutes until tender.
3. Heat a little oil in a wok. Stir-fry ginger until fragrant. Put in drained burdock, shiitake mushrooms and carrot. Toss until fragrant. Add cooked chestnuts. Add seasoning (except caltrop starch slurry) and a little water. Cook briefly. Stir in caltrop starch slurry. Serve.

Indications and contraindications

This dish is mildly fragrant and tasty. It is good for those with poor appetite, general weakness after recovering from sickness, stroke patients and those with high blood pressure, high blood triglycerides and high blood glucose. Generally speaking, most people may consume, but those with poor digestion should not eat too many chestnuts.

PORK PANCREAS SOUP WITH HUAI SHAN AND CORN SILKS

Makes 2 to 3 servings Ref. p.020

Ingredients

30 g Huai Shan (dried yam)
5 g goji berries
50 g fresh corn silks
1 pork pancreas
1/4 tsp sea salt

Marinade

2 tsp light so ey sauce
ground white pepper
rice wine

Method

1. Rinse and soak Huai Shan and goji berries in water. Drain and set aside. Rinse the corn silks and set aside. Trim any fat off the pork pancreas. Cut into pieces and add marinade. Mix well and leave it for a while.
2. Put Huai Shan, goji berries and corn silks into a pot. Add 6 bowls of water. Boil for 1 hour. Add the pork pancreas and boil for 15 minutes. Season with sea salt. Serve both the soup and the solid ingredients.

Indications and contraindications

This soup is sweet and delicious. It is good for those with diabetes, physical exhaustion, weak Qi (vital energy) flow, excessive thirst and much intake of water, difficulty urinating or oedema. Most people may consume this soup.

TOFU DACE BALL SOUP WITH TOMATO

Makes 2 to 3 servings Ref. p.023

Ingredients

2 tomatoes
1 cube firm tofu
30 g minced dace
1 tbsp finely chopped spring onion
1 sprig coriander (finely chopped)
1 tsp shredded ginger
1 egg
1/4 tsp sea salt

Seasoning for tofu dace balls

1 tsp salt
1 tsp oyster sauce
ground white pepper
1 tbsp caltrop starch

Method

1. Soak firm tofu in cold drinking water for a while. Drain and mash it. Add minced dace, egg, spring onion and seasoning. Mix well and shape into balls. Set aside. Rinse tomatoes and cut into chunks.
2. Stir-fry ginger in a pot until fragrant. Add tomatoes and stir till fragrant. Add 3 bowls of water. Bring to the boil over high heat. Turn to low heat and put in the tofu dace balls. Cook for 5 minutes. Season with sea salt and sprinkle with coriander. Serve.

Indications and contraindications

This soup is tasty and appetizing. It is good for those with weight problem, high blood pressure, high blood triglycerides and high blood glucose, osteoporosis, poor appetite, or prostatitis. However, those with Asthenia-Coldness in the Spleen and Stomach meridians, and those with gastritis should avoid.

BLACK SILKY CHICKEN SOUP WITH BAMBOO FUNGUS AND DRIED CONCH

Makes 2 servings Ref. p.026

Ingredients

6 strips bamboo fungus
3 frozen shelled conches
1/2 black silkie chicken
3 slices ginger
4 red dates
1/4 tsp sea salt

Method

1. Soak and rinse bamboo fungus in lightly salted water. Cut off both ends and set aside. Rinse the conches and blanch them in boiling water briefly. Drain and set aside. Dress the chicken and rinse well. Blanch in boiling water and drain well. De-seed the red dates.
2. Put all ingredients into a double-steaming pot. Pour in 3 bowls of boiling hot water. Double-steam for 3 hours. Season with sea salt. Serve.

Indications and contraindications

This soup is tasty and flavoursome. It is good for those with weight problem, general weakness, coarse skin, cough due to Dryness in the Lungs, and those who stay up late at night with sleep deprivation. Generally speaking, most people may consume, but those with fever due to influenza should avoid.

CHRYSANTHEMUM TEA WITH LOTUS LEAF AND SHI JUE MING

Makes 2 servings Ref. p.028

Ingredients

3 g lotus leaf tea
5 g toasted Shi Jue Ming
5 g dried chrysanthemums

Method

1. Put all ingredients into a disposable tea filter bag.
2. Put the bag into a teapot. Pour in boiling hot water and swirl to rinse once. Drain. Refill the teapot with hot water. Cover the lid and leave it for 7 minutes. Serve.

Indications and contraindications

This tea is fragrant and floral. It is good for those with high blood glycerides and high blood pressure who exhibit overpowering Yang energy in the Liver meridian. It is also suitable for those with dizziness, bloodshot and swollen eyes, weight problem, or constipation due to Dryness in the intestines. Generally speaking, most people may consume, but pregnant women and those with Asthenia-Coldness in the Spleen and Stomach meridians should consume in moderation with care.

WOOD EAR FUNGUS SWEET SOUP WITH RED DATES

Makes 2 servings Ref. p.032

Ingredients

6 red dates
20 g wood ear fungus with white hairy underside
10 g ginger
light brown sugar

Method

1. Rinse the red dates. De-seed and slice them. Set aside. Soak the wood ear fungus in water for 1 hour. Cut off the stems. Cut into small pieces. Set aside. Finely shred the ginger.
2. Put all ingredients into a blender. Add 1 bowl of water. Puree.
3. Pour the wood ear puree mixture into a pot. Add 2 bowls of water. Turn on low heat and cook the mixture while stirring continuously for about 10 minutes. Add light brown sugar and cook till it dissolves. Serve.

Indications and contraindications

This sweet soup is creamy and delicious, without being Cold or Dry in nature. It is good for those with high blood triglycerides, high blood pressure, high blood cholesterol, pale complexion, spots on the cheeks, or constipation. However, do not consume before or after surgical operations. Women should not consume during menstruation.

MULBERRY HAW TEA

Makes 2 servings Ref. p.030

Ingredients:

50 g mulberries
20 g hawthorn
honey to taste

Method

1. Put mulberries and hawthorn into a disposable tea filter bag.
2. Put the bag into a teapot. Pour in boiling hot water and swirl to rinse once. Drain. Refill the teapot with hot water again. Cover the lid and leave it for 10 minutes. Stir in honey and serve.

Indications and contraindications

This tea is sweet, aromatic, with a hint of sourness. It is good for those with high blood pressure, high blood cholesterol, cardiovascular diseases, and those with premature grey hair due to Asthenia in the Liver and Kidney meridians. Generally speaking, most people may consume, but pregnant women should avoid.

BEETROOT AND CHINESE CELERY JUICE

Makes 2 servings Ref. p.034

Ingredients

1 beetroot
5 g Chinese celery leaves
1 cup cold drinking water

Method

1. Rinse the beetroot and peel it. Then cut into small pieces. Set aside. Soak and rinse the Chinese celery leaves in cold drinking water.
2. Put all ingredients into a blender. Add 1 cup of cold drinking water. Puree and serve.

Indications and contraindications

This juice blend is sweet and delicious. It is good for those with weight problem, anaemia, high blood pressure, high blood triglycerides and high blood glucose, high blood cholesterol, hepatitis, or habitual constipation, and cancer patients. Generally speaking, most people may consume, but those with low blood pressure should avoid.

DU ZHONG YE TEA

Makes 1 serving Ref. p.038

Ingredients

5 g Du Zhong Ye

Method

Put Du Zhong Ye into a teapot. Pour in boiling water and swirl to rinse once. Drain. Refill the teapot with boiling water and cover the lid. Leave it for 5 minutes and serve. You may refill the teapot repeatedly until the tea tastes bland.

Indications and contraindications

This tea is aromatic. It is suitable for those with high blood pressure, high blood triglycerides, high blood cholesterol, arteriosclerosis, soreness in the lower back due to Kidney-Asthenia, poor physical strength, or abnormal bleeding during pregnancy. However, diabetics and those with symptoms of accumulated Heat in the body, such as abnormal thirst, bitterness in the mouth or deep yellow urine should avoid.

GREEN APPLE JUICE WITH BITTER MELON

Makes 2 servings Ref. p.036

Ingredients

1 bitter melon
2 Granny Smith apples
1 cup cold drinking water

Method

1. Rinse and soak bitter melon and apples in lightly salted water to remove any residual insecticide. Scrub well and rinse in water again. De-seed the bitter melon and core the apples. Cut them into chunks.
2. Put all ingredients into a blender. Puree and serve.

Indications and contraindications

This juice blend is tart in taste with a hint of bitterness. It is good for those with poor digestive ability, weight problem, high blood pressure, high blood triglycerides and high blood glucose, fatty liver disease, gall bladder stones, dry mouth due to sleep deprivation, dry eyes or constipation. Generally speaking, most people may consume, but those with Asthenia-Coldness in the Spleen and Stomach meridians should avoid.

BRAISED SEA CUCUMBER WITH PEKING SCALLION

Makes 2 to 3 servings Ref. p.044

Ingredients

200 g re-hydrated sea cucumber
100 g Peking scallion
3 slices ginger
200 ml stock

Seasoning

1/2 tbsp light soy sauce
1/2 tbsp oyster sauce
1 tbsp Shaoxing wine
2 tsp sesame oil
1/4 tsp salt
1 tsp sugar

Thickening glaze (mixed well)

2 tsp caltrop starch
1 tbsp water

Method

1. Cut sea cucumber into pieces. Blanch in boiling water. Drain and set aside. Rinse the Peking scallion and slice it.
2. Heat a little oil in a wok. Stir-fry ginger until fragrant. Put in sea cucumber and stir-fry until fragrant. Add seasoning and stock. Cook for 20 minutes. Add Peking scallion and toss well. Stir in the thickening glaze and cook till it thickens. Serve.

Indications and contraindications

This dish is tasty and velvety. It is good for all ages. It is suitable for those with Qi- and Blood-Asthenia, insufficient Yang energy in the Kidney meridian, or constipation due to Dryness in the intestines. Generally speaking, most people may consume. However, those with body odour, stomach ulcer or chronic eczema should consume Peking scallion in moderation.

PORK BLADDER SOUP WITH GINGKOES AND YI ZHI REN

Makes 2 to 3 servings Ref. p.047

Ingredients

10 gingkoes
10 g Yi Zhi Ren
10 g dried raspberries
2 slices ginger
2 pork urinary bladders
1/4 tsp sea salt

Method

1. Rub coarse salt on both the insides and outsides of the pork urinary bladders. Rinse and repeat rubbing salt on them a few times. Rinse at last and blanch in boiling water. Drain and set aside. Shell and core the gingkoes. Rinse Yi Zhi Ren and dried raspberries.
2. Put all ingredients into a pot. Add 6 bowls of water and cook for 1 hour until it reduces to 3 bowls. Season with sea salt. Serve the soup along with the gingkoes and pork urinary bladders.

Indications and contraindications

This soup is aromatic. It is good for those with Kidney-Asthenia and insufficient Yang energy in the Kidney meridian, frequent urinations, especially at night, erectile dysfunction, involuntary ejaculation or leucorrhoea. Most people may consume.

CREAM OF PUMPKIN SOUP WITH SWEET POTATO AND PINE NUTS

Makes 2 to 3 servings Ref. p.050

Ingredients

100 g pumpkin
100 g yellow sweet potatoes
30 g pine nuts
1/4 tsp salt
2 tbsp caltrop starch slurry
250 ml unsweetened soymilk

Method

1. Peel pumpkin and sweet potatoes. De-seed the pumpkin and rinse well. Slice both the pumpkin and sweet potatoes.
2. Heat some oil in a wok and stir-fry sliced pumpkin and sweet potatoes. Transfer into a blender and add soymilk. Puree.
3. Pour the puree into a pot. Season with salt and cook until it boils. Stir in the caltrop starch slurry. Sprinkle with pine nuts. Serve.

Indications and contraindications

This soup is creamy and tasty. It is good for those with weight problem, insufficient Qi and Blood, cardiovascular disease, impaired eyesight, osteoarthritis, or constipation due to Dryness in the intestines. Generally speaking, most people may consume.

LEAN PORK SOUP WITH CHE QIAN CAO

Makes 2 to 3 servings Ref. p.052

Ingredients

300 g Che Qian Cao
2 candied dates
1 piece dried tangerine peel
300 g lean pork
1/4 tsp sea salt

Method

1. Cut off the roots of Che Qian Cao. Rinse well and cut into short lengths. Set aside. Slice the pork and blanch in boiling water. Drain.
2. Put lean pork and candied dates into a pot. Add 7 bowls of water. Bring to the vigorous boil. Put in Che Qian Cao and cook for 1 hour. Season with sea salt. Serve.

Indications and contraindications

This soup is aromatic and tasty. It is good for those who have overconsumed spicy or deep-fried food, those with Heat accumulated, blisters on tongue and mouth, oedema due to nephritis, cystitis, early phase of stones in the urinary tract, or sharp pain when urinating. Generally speaking, most people may consume, but those with frequent urinations, especially at night, should avoid.

MILLET RICE WITH TOMATO AND CHINESE CELERY

Makes 2 to 3 servings Ref. p.055

Ingredients

2 tomatoes
1 celery stalk
30 g millet
100 g rice
1 tbsp raisins
1 bowl stock

Marinade

1/4 tsp sea salt
1 tbsp cooked oil

Method

1. Peel and rinse the tomatoes. Dice coarsely and set aside. Rinse celery and dice coarsely. Set aside. Rinse millet and rice. Add sea salt and cooked oil. Mix well and leave them briefly.
2. Put millet and rice into a rice cooker. Add stock and enough water. Turn on the cooker. When the rice is almost done, add tomatoes and celery. Cover the lid and cook till the rice is done. Sprinkle with raisins. Fluff the rice and serve.

Indications and contraindications

This rice is tasty and aromatic. It is good for those with weight problem, high blood pressure, or poor appetite. It prevents prostatitis while alleviating difficulty urinating, abnormal thirst accompanied by dry mouth, and constipation. Most people may consume.

OKRAS DRESSED IN SESAME SAUCE

Makes 2 servings Ref. p.042

Ingredients

10 to 12 okras
2 to 3 tbsp Japanese sesame dressing

Method

1. Cut off the stem of the okras. Rinse and cut in half across the length.
2. Boil water in a pot. Put in okras and cook over high heat for 3 minutes. Drain and arrange on serving plate. Drizzle with sesame dressing. Serve.

Indications and contraindications

This dish is crisp and slippery. It is good for those with weight problem, high blood pressure, high blood triglycerides and high blood glucose, anaemia, indigestion, gastritis, stomach ulcer, or constipation. Those with Asthenia-Coldness in the Spleen and Stomach meridians, and those with runny stool should avoid.

JOB' S TEARS TEA WITH WINTER MELON AND KELP

Makes 2 servings Ref. p.058

Ingredients

300 g winter melon
6 g kelp
30 g Job's tears

Method

1. Rinse the winter melon. Cut into chunks with skin on. Set aside. Rinse the kelp and cut into thick strips. Set aside. Rinse and soak Job's tears in water. Drain.
2. Put all ingredients into a pot and add 7 bowls of water. Boil for 1 hour. Serve.

Indications and contraindications

This tea is mildly sweet and it soothes the throat. It is good for those with weight problem, oedema, or difficulty urinating. It helps prevent cystitis and prostatitis. Generally speaking, most people may consume, but those with frequent urinations at night and pregnant women should avoid.

GUT-CLEANSING CONGEE

Makes 2 servings Ref. p.060

Ingredients

20 g diced aloe vera (boxed)
10 g almonds
10 g pine nuts
30 g Job's tears
20 g brown rice
20 g wheat groats

Method

1. Rinse almonds and pine nuts. Soak Job's tears, brown rice and wheat groats in water for 2 hours.
2. Put almonds, Job's tears, brown rice and wheat groats into a rice cooker. Add water and turn on the rice cooker. Cook until desired consistency and turn off the cooker. Put in aloe vera and pine nuts at last. Cover the lid. Leave them for 10 minutes. Serve.

Indications and contraindications

This congee is creamy and tasty. It is good for those with weight problem, high blood triglycerides, high blood pressure, constipation due to Dryness in the intestines, or difficulty urinating. Most people may consume, but those with runny stool and pregnant women should avoid.

PORK SHIN SOUP WITH KUDZU, LUFFA SPONGE AND SANG JI SHENG

Makes 2 to 3 servings Ref. p.065

Ingredients

250 g kudzu
20 g luffa sponge
30 g Sang Ji Sheng
250 g pork shin
1/4 tsp sea salt

Method

1. Peel kudzu and cut into chunks. Set aside. Soak and rinse luffa sponge and Sang Ji Sheng in water. Drain and set aside. Cut pork shin into pieces and blanch in boiling water. Drain.
2. Put all ingredients into a pot. Add 8 bowls of water. Bring to the boil and cook for 2 hours until the liquid reduces to 3 to 4 bowls. Season with sea salt. Serve both the soup and the kudzu.

Indications and contraindications

This soup is aromatic. It alleviates muscle soreness all over the body, especially for soreness around the scapula. It is good for those with shrinking muscles and weakness in the limbs, and those having Coldness trapped in the muscles due to prolonged periods in air-conditioned spaces. Generally speaking, most people may consume.

PORK KIDNEY SOUP WITH DU ZHONG, HUAI SHAN AND BLACK BEANS

Makes 2 to 3 servings Ref. p.071

Ingredients

25 g Du Zhong
30 g Huai Shan
30 g black beans with green kernels
6 black dates
1 pork kidney
1/4 tsp sea salt

Method

1. Peel off the whitish membrane on the pork kidney. Make light crisscross cuts on it. Soak and rinse in freshwater repeatedly to remove the unpleasant smell. Set aside. Soak and rinse black beans, Du Zhong and Huai Shan in water.
2. Put all ingredients into a pot. Add 7 bowls of water. Bring to the boil and cook for 30 minutes until the liquid reduces to 3 bowls. Season with sea salt. Serve.

Indications and contraindications

This soup has a hint of herbal taste. It is good for those with osteoporosis, lower back pain due to Kidney-Asthenia, and those with weakness in the limbs. Generally speaking, most people may consume, but gout patients should avoid.

CHICKEN BREAST SOUP WITH GINSENG AND TIAN QI

Makes 1 to 2 servings Ref. p.074

Ingredients

10 g sliced red ginseng from Jilin
6 g sliced Tian Qi
1 chicken breast
4 red dates

Method

1. Slice the chicken thickly. Blanch in boiling water. Drain and set aside. De-seed the red dates.
2. Put all ingredients into a double-steaming pot. Pour in 2 bowls of boiling hot water. Double-steam for 2 hours. Serve.

Indications and contraindications

This soup carries a strong taste of ginseng. It is good for those with insufficient Qi in the Heart meridians, stuffiness in the chest, shortness of breath which turns worse after exercise, physical exhaustion and general weakness, pale complexion, or pain in the chest. Those taking blood thinner should use with care. Those not completely recovering from influenza and pregnant women should avoid.

PIGEON SOUP WITH YU ZHU, MULBERRIES AND JOB'S TEARS

Makes 2 to 3 servings Ref. p.076

Ingredients

30 g Yu Zhu
20 g dried mulberries
30 g raw Job's tears
3 slices ginger
1 pigeon
1/4 tsp sea salt

Method

1. Dress and rinse the pigeon. Chop into pieces and blanch in boiling water. Drain and set aside. Soak and rinse Yu Zhu, dried mulberries and Job's tears in water separately.
2. Put all ingredients into a pot. Add 8 bowls of water. Bring to the boil and cook for 30 minutes until the liquid reduces to 3 to 4 bowls. Season with sea salt. Serve.

Indications and contraindications

This soup is sweet and delicious. It is good for those with frozen shoulder, numbness in the arms that prevents them from raising, dizziness, tinnitus, or abnormal thirst with cravings for drinks. Generally speaking, most people may consume, but those not fully recovering form influenza should avoid. Pregnant women should not use Job's tears in the soup.

TEAL SOUP WITH PEACH KERNELS AND WALNUTS

Makes 2 to 3 servings Ref. p.068

Ingredients

10 g peach kernels
20 g walnuts
6 water chestnuts
1 common teal
2 slices ginger
1/4 tsp sea salt

Method

1. Rinse peach kernels and walnuts. Peel water chestnuts and rinse well. Dress the teal and rinse well. Blanch in boiling water. Drain.
2. Put all ingredients into a pot. Add 7 bowls of water. Boil for 30 minutes until the liquid reduces to 3 bowls. Season with sea salt. Serve.

Indications and contraindications

This soup is fragrant and tasty. It is good for those having bone fracture, joint dislocation, soft tissue injury or constipation due to Dryness in the intestines. Most people may consume, but pregnant women should avoid.

CHI SHAO SOUP WITH MULBERRY AND CASSIA BRANCH

Makes 2 to 3 servings Ref. p.082

Ingredients

20 g old mulberry branch
20 g cassia branch
30 g Chi Shao
2 candied dates

Method

1. Rinse Chi Shao, mulberry and cassia branch. Drain.
2. Put all ingredients into a pot. Add 10 bowls of water and bring to the boil. Cook for 1 hour until the liquid reduces to 6 bowls. Serve 1 bowl each time and serve 3 times a day, for two consecutive days. A course of treatment is made up of three doses in six consecutive days.

Indications and contraindications

This soup has mild herbal taste. It is good for those with plantar fasciitis, joints incapable of extending fully, or numbness due to rheumatism. Pregnant women should avoid.

LIQUORICE PAPAYA TEA WITH BAI SHAO

Makes 1 serving Ref. p.088

Ingredients

30 g Bai Shao
15 g Xuan papaya
10 g toasted liquorice

Method

Rinse all ingredients. Put in a pot and add 5 bowls of water. Bring to the boil and cook for 45 minutes until the liquid reduces to 2 bowls. Divide into a few portions and finish them within one day.

Indications and contraindications

This tea is sour. It is good for those with muscle cramps in the limbs and the calves due to insufficient Blood in the Liver meridian. Pregnant women and lactating mothers should use with care.

FISH HEAD SOUP WITH CHUAN XIONG, BAI ZHI AND TIAN MA

Makes 2 to 3 servings Ref. p.085

Ingredients

10 g Chuan Xiong
5 g Bai Zhi
10 g Tian Ma
2 slices ginger
4 red dates
1 head of bighead carp
1/4 tsp sea salt

Method

1. Soak and rinse Chuan Xiong, Bai Zhi and Tian Ma in water. De-seed the red dates. Dress the fish head and rinse well.
2. Fry the fish head in a little oil until both sides golden. Add the remaining ingredients and 7 bowls of water. Bring to the boil and cook for 1 hour until the liquid reduces to 3 bowls. Season with sea salt and serve both the soup and the solid ingredients.

Indications and contraindications

This soup is rich and delicious. It is good for those with headache due to influenza, migraine, dizziness, abdominal pain, irregular menstruation, numbness in the limbs and paralysed face. Most people may consume, but those with Yin-Asthenia and overpowering Fire should avoid.

PORK BONE SOUP WITH SANG JI SHENG, NIU DA LI AND BLACK BEANS

Makes 2 to 3 servings Ref. p.079

Ingredients

15 g Sang Ji Sheng
15 g Niu Da Li
30 g black beans with green kernels
4 red dates
250 g pork bones
1/4 tsp sea salt

Method

1. Soak and rinse Sang Ji Sheng, Niu Da Li and black beans in water. Drain and set aside. De-seed red dates. Rinse pork bones and blanch in boiling water. Drain.
2. Put all ingredients into a pot. Add 8 bowls of water. Bring to the boil and cook for 2 hours. Season with sea salt. Serve.

Indications and contraindications

This soup has strong aroma of herbs. It is good for those with Liver- and Kidney-Asthenia, back pain and lower back pain, rheumatism, or osteoporosis. Generally speaking, most people may consume, but gout patients should not consume black beans and should use chestnuts instead.

LEMONGRASS TURMERIC GREEN APPLE TEA

Makes 1 to 2 servings Ref. p.090

Ingredients

6 stems lemongrass, crushed and sliced
20 g turmeric, rinsed and sliced with the skin on
2 granny smith apples
rock sugar to taste

Method

1. Soak the apples in hot water to remove the wax and residual fertilizers. Cut into chunks and remove the core.
2. Put all ingredients into a pot. Add 6 bowls of water. Bring to the boil and cook for 30 minutes until the liquid reduces to 3 bowls. Add rock sugar and cook until it dissolves. Serve.

Indications and contraindications

Most people may consume. It is good for those with knee pain due to cartilage damage, headache due to influenza and numbness due to rheumatism. Pregnant women should avoid.

GINGER RED DATE TEA WITH BAI ZHU

Makes 1 serving Ref. p.092

Ingredients

15 g Bai Zhu
3 slices ginger
10 g liquorice
5 red dates

Method

1. Soak and rinse Bai Zhu and liquorice in water. Drain and set aside. De-seed the red dates.
2. Put all ingredients into a pot. Add 5 bowls of water. Bring to the boil and cook for 45 minutes until the liquid reduces to 2 bowls. Divide into a few portions and finish them within a day.

Indications and contraindications

This tea is mildly herbal in taste. It is good for those with tennis elbow, numbness, lower back soreness or muscle pain due to Wind-Coldness and Dampness. Most people may consume.

CONGEE WITH CHESTNUTS, HUAI SHAN AND GOJI BERRIES

Makes 1 to 2 servings Ref. p.098

Ingredients

30 g Huai Shan
4 g goji berries
150 g chestnuts
60 g rice

Method

1. Soak and rinse Huai Shan and goji berries in water. Drain and set aside. Blanch chestnuts in boiling water. Drain and peel them. Rinse the rice and drain.
2. Put all ingredients into a pot except goji berries. Add enough water and cook until the rice breaks down and turns creamy. Add goji berries and cook for 5 more minutes. Serve.

Indications and contraindications

It is good for those with Kidney-Asthenia, lower back soreness, weakness in the knees and in the lower limbs, or heel pain. Generally speaking, most people may consume. But those having abdominal bloating or indigestion should consumer in moderation.

EGG MAYO SANDWICH WITH AVOCADO

Makes 2 to 3 servings Ref. p.095

Ingredients

1 avocado
1 egg
4 slices wholemeal sandwich bread

Dressing

2 tsp freshly squeezed lemon juice
1 tbsp mayonnaise (or creamy salad dressing)
ground black pepper

Method

1. Peel and stone avocado. Mash the flesh and set aside. Cook the egg in water until hard-boiled. Shell and mash it.
2. Mix all ingredients and the dressing together. Spread on toasted sandwich bread. Serve.

Indications and contraindications

This snack is tasty and aromatic. It is good for all ages. It is suitable for those with neck and shoulder pain, stiff muscles, general weakness, or malnutrition. Most people may consume.

STIR-FRIED CELERY WITH DAY LILY, CLOUD EAR FUNGUS AND LILY BULBS

Makes 2 to 3 servings Ref. p102

Ingredients

150 g celery
50 g fresh lily bulbs
1 pinch dried day lily flowers
1 pinch dried cloud ear fungus
shredded carrot
1 tsp chopped spring onion
1 tsp shredded ginger

Seasoning

1/2 tsp salt
1/4 tsp chicken bouillon powder
1 tsp sesame oil (added last)

Method

1. Rinse celery and tear off the tough veins. Slice it and set aside. Break the lily bulbs into scales. Rinse and set aside. Soak day lily and cloud ear fungus in water till soft. Drain and rinse.
2. Heat oil in a wok. Stir-fry ginger till fragrant. Put in all ingredients and toss till fragrant. Add seasoning and a bit of water. Toss well. Drizzle with sesame oil and spring onion. Toss again. Serve.

Indications and contraindications

This dish is crunchy and tasty. It is good for all ages. It is good for those with high blood pressure, depression, restlessness, insomnia, or poor sleep quality with many dreams. Most people may consume.

STIR-FRIED PORK HEART WITH ROSE BUDS AND SOUR DATE KERNELS

Makes 2 to 3 servings Ref. p.104

Ingredients

10 g dried rose buds
20 g sour date kernels
4 red dates
1 pork heart
1 tsp grated garlic
1 tbsp caltrop starch slurry

Seasoning

1/4 tsp salt
1/2 tsp sugar
2 tsp oyster sauce

Method

1. Rinse rose buds and sour date kernels. Put them into a pot and add 2 bowls of water. Boil until it reduces to 1/2 bowl. Strain and use the soup only. De-seed the red dates and slice them.
2. Rinse the pork heart and slice it.
3. Heat a little oil in a wok. Stir-fry garlic till fragrant. Put in the pork heart and red dates. Toss well. Add seasoning and the rose soup from step 1. Cook until the sauce thickens. Stir in the caltrop starch slurry. Toss to mix well. Serve.

Indications and contraindications

This dish is rich and flavoursome. It is good for those with poor Qi flow in the Liver meridian, restlessness and insomnia due to Asthenia, palpitations, poor sleep quality and poor memory. Most people may consume, but pregnant women should avoid.

MILLET CONGEE WITH LOTUS ROOT STARCH

Makes 2 to 3 servings Ref. p106.

Ingredients

50 g lotus seeds
10 g dried longans (shelled and de-seeded)
1 tsp goji berries
100 g millet
1 small pack lotus root starch (35 g)
rock sugar to taste

Method

1. Rinse and soak lotus seeds and goji berries in water. Drain and set aside. Rinse the dried longans and set aside. Add lotus root starch to a little water and stir until well incorporated.
2. Put lotus seeds, dried longans, goji berries and millet into a pot. Add 5 bowls of water and bring to the boil. Cook for 20 minutes. Add rock sugar and cook till it dissolves. Pour in the lotus root starch slurry while stirring continuously. Cook until the congee is thick and creamy. Serve.

Indications and contraindications

This congee is creamy and tasty. It is good for those with nervous prostration, anaemia, dull complexion, insomnia, many dreams during sleep, general weakness after prolonged sickness or surgical operation, or mental exhaustion. Generally speaking, most people may consume. Yet, pregnant women should not consume dried longans. Use 4 red dates instead.

TRICOLOUR QUINOA RICE WITH DRIED OYSTERS

Makes 2 to 3 servings Ref. p.109

Ingredients

60 g dried oysters
100 g tricolour quinoa
30 g rice
1 tbsp shredded ginger
1 tbsp finely chopped coriander
1 tbsp finely chopped spring onion

Marinade

2 tsp light soy sauce
1 tbsp rice wine
caltrop starch

Seasoning

1/4 tsp salt
1/2 tsp sugar
2 tsp oyster sauce

Method

1. Soak dried oysters in cold water for 1 hour. Coarsely dice them. Add marinade and mix well. Leave them for 30 minutes.
2. Rinse the quinoa and rice. Transfer into a rice cooker and add water. Turn on the rice cooker and let it complete its cooking cycle until the rice is done.
3. Heat a little oil in a wok. Stir-fry ginger till fragrant. Put in the dried oysters and toss until fragrant. Add the quinoa rice. Add seasoning and toss to mix well. Sprinkle with coriander and spring onion. Serve.

Indications and contraindications

This rice is tasty and flavourful. It is good for those with weight problem, high blood pressure, high blood triglycerides and high blood glucose, nervous prostration, nervous tension, restlessness or insomnia. Most people may consume, but gout patients should eat in moderation.

LEAN PORK AND PORK LIVER SOUP WITH HE HUAN HUA

Makes 2 servings Ref. p.114

Ingredients

10 g He Huan Hua buds
60 g pork liver
100 g lean pork

Seasoning for pork liver

light soy sauce
ground white pepper
rice wine

Method

1. Soak and rinse He Huan Hua in water. Drain and set aside. Slice the pork liver and add marinade. Mix well and leave it for 30 minutes. Set aside. Rinse and slice lean pork.
2. Boil 5 bowls of water. Put in all ingredients and cook for 20 minutes until the soup reduces to 2 to 3 bowls. Serve.

Indications and contraindications

This soup is aromatic with a hint of bitterness. It is good for those with Qi congestion in the Liver meridian, stuffiness in the chest, bad mood and depression, insomnia or nervous prostration. Most people may consume, but pregnant women should avoid.

LOTUS ROOT SOUP WITH LOTUS SEEDS AND MAI DONG

Makes 2 to 3 servings Ref. p.112

Ingredients

200 g lotus root
30 g dried lotus seeds with core (or 60 g fresh lotus seeds)
15 g Mai Dong
6 red dates

Method

1. Peel lotus root. Rinse and cut into chunks. Set aside. Soak and rinse lotus seeds and Mai Dong in water. Drain and set aside. De-seed the red dates.
2. Put all ingredients into a pot. Add 7 bowls of water. Boil for 1 hour until the soup reduces to about 3 bowls. Serve.

Indications and contraindications

This soup is sweet and tasty. It is good for those with restlessness, insomnia, pale complexion, poor sleep quality or involuntary sweating. Most people may consume.

ROSE CAMOMILE TEA

Makes 2 to 3 servings Ref. p.116

Ingredients

10 g dried rose buds
10 g camomile

Method

1. Rinse the rose buds and camomile in boiling water once. Drain. Transfer into a thermal flask.
2. Pour boiling water into the flask. Cover the lid and leave it for 5 minutes. Serve.

Indications and contraindications

This tea is fragrant and refreshing. It is good for those with irregular menstruation, poor sleep quality, eye fatigue, nervous tension, or migraine headache. Most people may consume, but those with Asthenia-Coldness in the Spleen and Stomach meridians and pregnant women should avoid.

GINGER AND RED DATE TEA WITH DRIED LONGANS

Makes 2 to 3 servings Ref. p.118

Ingredients

2 tbsp freshly squeezed ginger juice
6 red dates
20 g dried longans (shelled and de-seeded)

Method

1. De-seed the red dates. Slice them and set aside. Rinse the dried longans.
2. Put all ingredients into a pot. Add 3 bowls of water. Boil for 15 minutes until the tea reduces to 2 bowls. Serve.

Indications and contraindications

This tea is sweet and aromatic. It is good for those with Asthenia-Coldness in the Spleen and Stomach meridians, coldness in the limbs, pale complexion, insomnia or many dreams during sleep. Most people may consume, but those with diabetes, Yin-Asthenia with overpowering Fire, and pregnant women should not add dried longans.

NERVE-CALMING JASMINE TEA

Makes 2 to 3 servings Ref. p.120

Ingredients

6 g jasmine flowers
6 g sweet-flag rhizome
a pinch green tea leaves

Method

1. Rinse all ingredients in boiling water once. Drain. Transfer into a thermal flask.
2. Pour in boiling water. Cover the lid and leave it for 10 minutes. Serve.

Indications and contraindications

This tea is fragrant. It is good for those with poor Qi flow in the Liver meridian, palpitation, poor memory, insomnia, many dreams during sleep, or nervous prostration. Most people may consume, but pregnant women should avoid.

KUDZU FLOWER HANGOVER CURE

Makes 2 servings Ref. p.134

Ingredients

15 g dried kudzu flowers
2 whole dried tangerine peels
1 candied mandarin orange
10 gingkoes
20 g dried lily bulbs

Method

1. Rinse kudzu flowers, dried tangerine peel and dried lily bulbs separately in water. Set aside. Shell and core the gingkoes. Chop up the candied mandarin orange.
2. Put all ingredients into a pot. Add 5 bowls of water. Boil for 30 minutes until the liquid reduces to 2 bowls. Serve.

Indications and contraindications

This tea is sweet with a hint of bitterness. It is good for frequent drinkers and those with dizziness, stuffiness in the head, mental exhaustion, shortness of breath, or insomnia. Most people may consume, but pregnant women should consume with care and in moderation.

HERBAL TEA FOR LUNG HEALTH

Makes 2 servings Ref. p.136

Ingredients

10 g Huang Qi (sliced)
15 g Bei Sha Shen
10 dried rose buds
5 g mulberry leaves
50 g dried longans (shelled and de-seeded)

Method

1. Soak and rinse Huang Qi, Sha Shen and mulberry leaves. Drain and set aside. Rinse the rose buds and dried longans. Drain.
2. Put all ingredients into a pot. Add 5 bowls of water and boil for 20 minutes until the liquid reduces to 2 bowls. Serve.

Indications and contraindications

This tea is aromatic. It is good for frequent smokers, and those with cough due to Dryness in the Lungs, coarse skin or mental exhaustion. Most people may consume, but those with fever due to influenza and pregnant women should avoid.

FRIED SALMON FILLET IN LEMON JUICE AND BASIL

Makes 2 servings Ref. p.124

Ingredients

1 to 2 pieces salmon fillet
4 sprigs sweet basil
1 tsp grated ginger
1/2 lemon

Marinade

sea salt
ground black pepper
caltrop starch

Method

1. Rinse the salmon fillet and wipe dry. Coat it lightly in caltrop starch and sprinkle with sea salt and ground black pepper. Set aside. Rub the leaves off the basil stems and use the leaves only. Rinse well and finely chop them.
2. Heat a little oil in a pan. Fry the salmon until both sides golden and cooked through. Sprinkle with basil leaves. Transfer on to serving plates. Squeeze some lemon juice on top. Serve.

Indications and contraindications

This dish is rich and flavoursome. It is good for those with anaemia, coarse skin, poor indigestion, cardiovascular diseases, impaired vision or dementia. Most people may consume, but gout patients should avoid.

STIR-FRIED MUSHROOMS WITH BROCCOLI AND PINE NUTS

Makes 2 to 3 servings Ref. p.126

Ingredients

10 g pine nuts
1 head broccoli
60 g button mushrooms
6 ears baby sweet corn
1 tsp grated garlic

Seasoning

1/4 tsp salt
1/2 tsp sugar
2 tsp rice wine
2 tsp oyster sauce

Method

1. Rinse the broccoli and cut into florets. Set aside. Rinse and slice button mushrooms. Set aside. Rinse the baby sweet corn and cut each in half.
2. Heat some oil in a wok. Stir-fry garlic till fragrant. Add broccoli, button mushrooms and baby sweet corn. Toss until fragrant. Sprinkle with rice wine and seasoning. Add 1/2 bowl of water. Cook until broccoli is tender and the sauce reduces. Sprinkle with pine nuts and toss a few times. Serve.

Indications and contraindications

This dish is tasty and aromatic. It is good for those with anaemia, poor appetite, physical exhaustion, or constipation due to Dryness in the intestines. Most people may consume, but gout patients should avoid.

DOUBLE-STEAMED CHICKEN STUFFED WITH NUTS AND GOJI BERRIES

Makes 2 to 3 servings Ref. p.129

Ingredients

1 organic cockerel (or frozen spring chicken)
30 g shelled walnuts
10 g pine nuts
50 g chestnuts (shelled)
5 g goji berries
1/4 tsp salt

Method

1. Thaw the chicken and rinse well. Add marinade and mix well. Leave it for a while.
2. Rinse and soak walnuts and pine nuts in water. Drain and set aside. Boil chestnuts in water to remove the skin. Drain.
3. Stuff the nuts and goji berries into the chicken. Put it into a double-steaming pot. Add 2 bowls of water. Double-steam for 2 hours. Season with salt. Serve.

Indications and contraindications

This soup is rich and flavoursome. It is good for those with Liver or Kidney-Asthenia, poor appetite, dizziness, or memory loss. Most people may consume, but those not fully recovered from influenza should avoid.

FISH HEAD SOUP WITH TURMERIC AND BASIL

Makes 2 servings Ref. p.132

Ingredients

20 g turmeric
4 sprigs sweet basil
1 head of bighead carp
1/4 tsp sea salt

Method

1. Rinse the turmeric. Slice with the skin on. Set aside. Rub the leaves off the basil stems. Rinse and use the leaves only. Set aside. Cut the fish head into chunks and rinse well.
2. Fry the fish head in a little oil until golden. Add 4 bowls of boiling water. Add turmeric and cook for 20 minutes. Season with sea salt and add basil leaves at last. Bring to the boil and serve both the soup and the solid ingredients.

Indications and contraindications

This soup is rich and aromatic. It is good for those with Asthenia-Coldness in the Spleen and Stomach meridians, poor appetite, dizziness due to high blood pressure, or dementia. However, pregnant women and those kidney problems, or stomach ulcer should avoid.

CI WU JIA TEA WITH GOJI BERRIES AND RED DATES

Makes 1 serving Ref. p.138

Ingredients

15 g Ci Wu Jia
6 g goji berries
6 red dates

Method

1. Soak the rinse Ci Wu Jia and goji berries in water. Drain and set aside. De-seed the red dates.
2. Put all ingredients into a pot and add 3 bowls of water. Boil for 15 minutes until the liquid reduces to 2 bowls. Serve before meals.

Indications and contraindications

This tea is sweet with a hint of herbal taste. It is good for those with general weakness, poor memory, nervous prostration, insomnia, many dreams during sleep, soreness in the knees and lower back, or impaired vision. Most people may consume, but those with Yin-Asthenia accompanied by overpowering Fire should avoid.

TOASTED BLACK BEAN TEA WITH RAISINS

Makes 2 servings Ref. p.140

Ingredients

2 tbsp toasted black beans with green kernels
2 tbsp black raisins

Method

Put all ingredients into a thermal flask. Pour in boiling water. Cover the lid and leave it for 15 minutes. Serve.

Indications and contraindications

This tea is sweet and aromatic. It is good for those with anaemia, low spirits, pale complexion, soreness and weakness in the joints, or impaired vision. Most people may consume, but gout patients should avoid.

HERBAL TEA FOR BRAIN POWER

Makes 2 servings Ref. p.142

Ingredients

20 g Yi Zhi Ren
20 g Yuan Zhi
20 g Fu Shen

Method

1. Soak and rinse all ingredients.
2. Put all ingredients into a pot and add 5 bowls of water. Boil for 45 minutes until the liquid reduces to 2 bowls.

Indications and contraindications

This tea has mild herbal taste. It is good for those with restlessness, palpitations, insomnia, poor memory, impaired mental power and involuntary drooling. Most people may consume, but those with gastritis should avoid.

APPLE AND BLUEBERRY SMOOTHIE

Makes 1 serving Ref. p.144

Ingredients

30 g blueberries
1 Fuji apple
300 ml milk

Method

1. Soak and rinse blueberries in water. Drain and set aside. Peel and core the apple. Slice it.
2. Put all ingredients into a blender. Puree and serve.

Indications and contraindications

This drink is refreshing and tasty. It is good for those with impaired vision, poor digestion, high blood pressure, high blood triglycerides and high blood glucose, or retarded mental ability. Most people may consume.

BLACK GOJI BERRY TEA WITH MULBERRIES

Makes 2 servings Ref. p.160

Ingredients

2 tbsp black goji berries
2 tbsp dried black mulberries

Method

1. Put all ingredients into a teapot. Pour in cold drinking water and swirl to rinse the ingredients once. Drain.
2. Fill the teapot with hot water about 60 to 70°C. Cover the lid and leave it for 10 minutes. Serve both the tea and the solid ingredients.

Indications and contraindications

This tea is tart and appetizing. It is good for those with Liver- or Kidney-Asthenia, eye fatigue, anaemia, high blood pressure, high blood glucose, premature grey hair, or pale complexion. Most people may consume.

BLACK SESAME PASTE WITH PROCESSED HE SHOU WU

Makes 2 to 3 servings Ref. p.162

Ingredients

2 tsp goji berries
15 g processed He Shou Wu
2 tbsp evaporated milk
2 to 3 tbsp ground black sesames

Method

1. Rinse the goji berries and processed He Shou Wu separately. Put processed He Shou Wu in a pot and add 4 bowls of water. Boil for 20 minutes. Strain and save the soup.
2. In a pot, bring the He Shou Wu soup to the boil. Add 2 tbsp of evaporated milk, goji berries and ground black sesames. Mix well and serve.

Indications and contraindications

This soup is creamy and tasty. It is good for those with Liver- or Kidney-Asthenia, dull and lifeless skin, dizziness, tinnitus, blurred vision, grey hair, hair loss or constipation. Most people may consume.

BLACK RICE CONGEE

Makes 2 to 3 servings Ref. p.147

Ingredients

20 g black rice
20 g raw Job's tears
15 g rice
10 g black sesames
20 g black beans with green kernels
2 walnuts (shelled)
10 pieces lily bulbs

Method

1. Soak black rice and black beans in water overnight. Drain and set aside. Rinse and soak the rest of the ingredients in water. Drain.
2. Put all ingredients into a rice cooker. Add water and cook to your desired consistency until creamy and thick. Serve.

Indications and contraindications

This congee is tasty and creamy. It is good for those with anaemia, pale complexion, impaired vision, premature grey hair, Kidney-Asthenia, soreness and weakness in the lower back and knees, or retarded brain power. Most people may consume, but those with fever due to influenza should avoid.

LEAN PORK SOUP WITH DRIED CONCH, CORDYCEPS FLOWERS AND HIME-MATSUTAKE MUSHROOMS

Makes 2 to 3 servings Ref. p.152

Ingredients

10 g Huang Qi
15 g Hime-Matsutake mushrooms
15 g cordyceps flowers
2 slices ginger
2 candied dates
2 dried conches
150 g lean pork
1/4 tsp sea salt

Method

1. Soak and rinse Huang Qi in water. Drain and set aside. Rinse Hime-Matsutake mushrooms and cordyceps flowers in water. Soak them in water till soft. Drain and save the soaking water. Rinse the dried conches. Blanch lean pork and dried conches in boiling water. Drain.
2. Put all ingredients into a pot. Add the soaking water from Hime-Matsutake mushrooms and cordyceps flowers. Add 7 bowls of water. Boil for 30 minutes. Season with sea salt. Serve both the soup and the solid ingredients.

Indications and contraindications

This soup is delicious and full of umami. It is good for those with Qi- or Blood-Asthenia, anaemia, fatigue, impaired vision, or those high blood pressure, high blood triglycerides and high blood glucose, and cancer patients. Most people may consume, but gout patients should avoid.

PURPLE CABBAGE SOUP

Makes 2 to 3 servings Ref. p.150

Ingredients

150 g purple cabbage
30 g lotus seeds
30 g dried lily bulbs
4 red dates

Method

1. Rinse the cabbage and cut into chunks. Set aside. Soak and rinse lotus seeds and lily bulbs in water. Drain. De-seed the red dates.
2. Put all ingredients into a pot. Add 7 bowls of water. Boil for 1 hour until the soup reduces to 3 bowls. Serve both the soup and the solid ingredients.

Indications and contraindications

This soup is light and fragrant. It is good for those with stomach ulcers, mental exhaustion, impaired vision, high blood pressure or high blood triglycerides. Most people may consume. Those with hypothyroidism should not consume purple cabbage.

VEGETABLE SOUP WITH AMERICAN GINSENG AND MAI DONG

Makes 2 to 3 servings Ref. p.154

Ingredients

6 g American ginseng (sliced)
10 g Mai Dong
6 straw mushrooms
100 g carrot
100 g cabbage
1 yellow bell pepper
1/4 tsp sea salt

Method

1. Soak and rinse Mai Dong in water. Drain and set aside. Cut off the base of the straw mushrooms. Then cut each in half. Set aside. Peel and cut carrot into chunks. Rinse cabbage and yellow bell pepper in water. De-seed the bell pepper. Cut bell pepper and cabbage into chunks.
2. Put all ingredients (except American ginseng) into a pot. Add 7 bowls of water. Boil for 1 hour until the soup reduces to 3 bowls. Add American ginseng and seasoning. Boil for 5 minutes. Serve.

Indications and contraindications

This soup is fragrant and tasty. It is good for those who stay up late at night, and those with dry mouth and throat, impaired vision, weight problem, fatigue, dry cough, or high blood pressure, high blood triglycerides, and high blood glucose. Most people may consume.

PARTRIDGE SOUP WITH WHITE FUNGUS AND APPLES

Makes 2 to 3 servings Ref. p.156

Ingredients

6 g white fungus
2 apples
3 dried figs
3 slices ginger
1 partridge
1/4 tsp sea salt

Method

1. Dress the partridge and rinse well. Blanch in boiling water. Drain and set aside. Soak white fungus in water till soft. Cut off the stem and set aside. Rinse the figs and cut each in half. Peel and core the apples. Then slice them.
2. Put all ingredients into a pot. Add 7 bowls of water and boil for 1 hour. Season with sea salt. Serve.

Indications and contraindications

This soup is tasty and fragrant. It is good for those with cough due to Asthenia and exhaustion, dry mouth and throat, or constipation. It also helps improve chronic bronchitis and pulmonary heart disease among the elderly. Most people may consume, but those with fever due to influenza should avoid.

PORK LIVER SOUP WITH GOJI BERRIES AND SPINACH

Makes 2 to 3 servings Ref. p.158

Ingredients

4 g goji berries
300 g spinach
200 g pork liver
1 tsp shredded ginger
1/4 tsp sea salt

Method

1. Soak goji berries in water and rinse them. Set aside. Rinse the spinach in water. Cut into short lengths with the roots on. Set aside. Rinse and slice the pork liver.
2. Boil 5 bowls of water in a pot. Put in all ingredients. Boil for 20 minutes. Season with sea salt. Serve both the soup and the solid ingredients.

Indications and contraindications

This soup is tasty and aromatic. It is good for those with insufficient Blood in the Liver meridian, diabetes, impaired vision, poor vision under low light, dull yellowish complexion, or constipation. Most people may consume, but gout patients should eat pork liver in moderation.

樂齡好體質
強健體魄食療方

HEALTHY AGEING
Therapeutic recipes for strength and wellbeing

作者
芳姐

責任編輯
譚麗琴

美術設計
詩詩

攝影
細權

出版者
萬里機構出版有限公司
香港鰂魚涌英皇道1065號東達中心1305室
電話：2564 7511
傳真：2565 5539
電郵：info@wanlibk.com
網址：http://www.wanlibk.com
http://www.facebook.com/wanlibk

發行者
香港聯合書刊物流有限公司
香港新界大埔汀麗路36號
中華商務印刷大厦3字樓
電話：（852）2150 2100
傳真：（852）2407 3062
電郵：info@suplogistics.com.hk

承印者
中華商務彩色印刷有限公司
香港新界大埔汀麗路36號

出版日期
二零一九年十一月第一次印刷

Published in Hong Kong.
ISBN 978-962-14-7122-2